RANG HAIZI ZHAOMI DE ZIRAN BAIKE

让孩子着迷的
自然百科

哲空空◎著

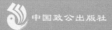
中国致公出版社

图书在版编目（CIP）数据

让孩子着迷的自然百科 . 1 / 哲空空著 . -- 北京：
中国致公出版社 . 2021
　　ISBN 978-7-5145-1883-2

　　Ⅰ . ①让… Ⅱ . ①哲… Ⅲ . ①自然科学—青少年读物
Ⅳ . ① N49

　　中国版本图书馆 CIP 数据核字 (2021) 第 214496 号

让孩子着迷的自然百科 . 1 / 哲空空　著
RANG HAIZI ZHAOMI DE ZIRAN BAIKE

出　　版　中国致公出版社
　　　　　（北京市朝阳区八里庄西里 100 号住邦 2000 大厦 1 号楼
　　　　　西区 21 层）
发　　行　中国致公出版社（010-66121708）
责任编辑　胡梦怡
责任校对　邓新蓉
装帧设计　天行云翼
责任印制　邵卜硕
印　　刷　三河市祥达印刷包装有限公司
版　　次　2021 年 12 月第 1 版
印　　次　2021 年 12 月第 1 次印刷
开　　本　880 mm×1230 mm　1/32
印　　张　6.5
字　　数　107 千字
书　　号　ISBN 978-7-5145-1883-2
定　　价　45.00 元

小豆爸： 35岁，知识渊博，没有他不知道的事情，缺点是太唠叨了。

小豆妈： 33岁，耐心细致，愿意陪小豆玩任何游戏，还做得一手好饭。

小豆： 5岁，爱笑爱闹，鬼点子很多，是家里的开心果。因为脸圆得像一颗豆子，故名小豆。

小黄： 中华田园犬，1岁，跑得超快，是小豆最好的朋友。

目录

第一章

动物世界：
天上有无数只"猩猩"

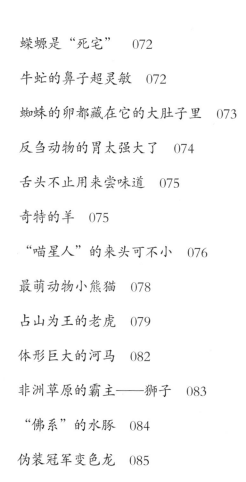

第二章

植物乐园：

越美丽越有毒

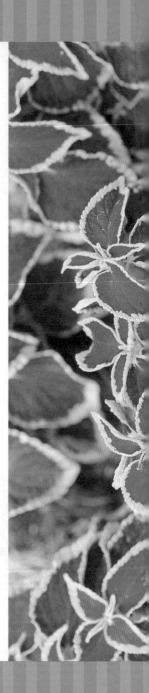

第三章

宇宙洪荒：
BigBang，宇宙就这样诞生了

第一章

动物世界：
天上有无数只"猩猩"

挑食的"吃货"大熊猫

　　大熊猫是个挑食的"吃货"。
它们每天要花10多个小时吃饭，吃掉
40多千克的竹子。它们对待食物可不
含糊，要仔细挑选竹子的品种。竹子必须要
剥皮，新鲜的竹笋是大熊猫的最爱。当然了，吃这么多，排泄物
也会很多。它们每天大约要排便40次。

　　以前的大熊猫是吃肉的，经过进化，现在基本以竹子为食，
但是它们的牙齿和消化道没有太大变化，因此它们仍然被归类为

食肉动物。

　　大熊猫是天生的早产儿。刚出生的时候，它们的很多器官都没有发育完全，看起来小小的，需要熊猫妈妈的悉心照料。如果生的是双胞胎，熊猫妈妈通常会选择照顾其中一只，放弃另一只。自然界的生存法则太残酷了。

　　大熊猫是我国特有的"活化石"，世界上所有的大熊猫都源自我国。

　　大熊猫是独居动物，向来都是独自在竹林里活动，因此也被称作"竹林隐士"。

一步三回头的傻狍子

我国东北的狍子以"傻"出名。它们遇到猎人时不会立马逃跑，而是会停下来或者上前看看再决定是不是要跑。即使逃跑了，只要猎人大喊一声，狍子就会犹犹豫豫地停下来看看发生了什么。也许狍子能存活至今，是因为"傻狍有傻福"吧。

狍子的屁股上有一圈白色的毛，看起来像一颗心一样。

动物世界里的"淡定帝"——蝉

蝉的一生需要经历三个阶段——卵、若虫和成虫。若虫会在地下待上几年甚至十几年不等。等它们吸收了足够蜕皮羽化的营养，就会爬上树干，变成有翅膀的蝉。蝉的生命只有短短几周，在这几周内它们必须要完成繁衍下一代的任务。时间紧，任务重，真是伤不起啊。

蝉是动物世界里的"淡定帝"。法国昆虫学家法布尔曾经在一棵满是蝉的树下点燃了好几门大炮，但蝉的"歌声"并没有停止。

离不开泪水的动物

动物的眼泪中含有水、少量的盐和蛋白质。对某些昆虫来说，眼泪是一种极具营养的液体。很多蛾子会通过进食其他动物的眼泪补充营养。

鳄鱼泪常被用来讽刺恶人假慈悲。其实鳄鱼流眼泪不是在假慈悲，而是为了排出体内多余的盐分。

"采花大盗"蜂鸟

你想知道心动的感觉吗？那你可以去问问蜂鸟。它们的心跳一分钟最高可达1000次。

蜂鸟是天生的飞行家，它们不仅能向前和向后飞，还能把身体颠倒过来飞。表演这种"特技"需要消耗大

世界上最小的蜂鸟体重不足2克。

蜂鸟好小啊。

量体力，为了获得足够多的能量，一只蜂鸟每天必须光顾数百朵花，是名副其实的"采花大盗"。

差点失去了嘴的鸭嘴兽

从未见过鸭嘴兽的科学家第一次见到这种动物的标本时，怀疑它是人工制作的，是有人将鸭嘴缝到了某个动物身上。他们曾经尝试将鸭嘴拔下来，寻找缝合的痕迹，但并没有任何发现。因为这本来就是人家自己的嘴。

一般情况下，哺乳动物繁衍后代的方式都是胎生，但也有例外，比如鸭嘴兽。它们像鸟类一样产卵、孵化，又像哺乳动物一样喂养新生命。

一些生物学家认为，鸭嘴兽是哺乳动物中最低等的，因为它们生蛋和排粪排尿使用的是同一个器官。唉，至于这么挤对人家吗？人家不就是在进化中偷懒了嘛。

鹿界的大高个——驼鹿

驼鹿非常耐寒，它们有两层隔热的体毛，即使是刚出生的幼崽，也能在-20摄氏度的严寒中自得其乐。它们惧怕出汗，如果吃了会发酵的植物，不一会儿，它们就会热得气喘吁吁，需要降温。如果驼鹿会说笑话，那么说的一定是冷笑话。

驼鹿体形巨大，平均肩高为1.5米以上，平均体重超过270千克。它们虽然看起来很笨重，但是行动敏捷，一次可以游20公里，并能潜入水下5米深处觅食，是不容小觑的庞然大物。

建筑小能手河狸

　　每个国家都有有代表性的动物，比如中国的熊猫、澳大利亚的袋鼠等。在加拿大，河狸就是这样独特的动物，甚至被印在了硬币上。但是在过去，几乎每个男性都梦想拥有一顶河狸皮帽，河狸也差点因为无休止的猎杀而灭绝。

　　河狸的巢穴入口在水下1米深的地方。为了防止河水干枯时洞口暴露，河狸需要在洞口上方建立拦水坝。河狸会先咬断一棵碗口粗的树，让它倒向河边的水中，然后用前爪把泥土和石块填充在树枝处，如此反复数日，一条拦水坝就筑好了。拦水坝让河狸的生活有了安全保障。

颜色绚丽的鹦鹉

　　鹦鹉最典型的特征就是弯弯的鸟喙。鹦鹉的鸟喙非常强壮，不仅能咬碎坚果和种子，还能用嘴协助双脚向上攀登。鹦鹉的脚趾是两趾向前，两趾向后，更适合抓握。

鹦鹉的种类繁多，大多生活在热带，它们的羽毛颜色华丽多彩。葵花凤头鹦鹉的身体是白色，头顶是黄色冠羽；雄性折衷鹦鹉的头部和上体长着绿油油的羽毛；彩虹吸蜜鹦鹉则像它的名字一样，身上集齐了彩虹的颜色。

鸡尾鹦鹉，也叫玄凤鹦鹉。它们的头顶有淡黄色的头冠，两侧脸颊各有一个圆形红斑，好像画了腮红，因此被称作"最可爱的鹦鹉"。它们的心情非常好猜：受惊或高兴时，头冠会竖起；心情舒适时，头冠有点倾斜；生气了，头冠则会紧贴着头部。

鹦鹉是一种性格"外向"的鸟，每天会将大量的时间花在和其他动物的社交上。如果它们的交流需求不能被满足，那么它们会因为压力大而拔掉自己的羽毛。

鹦鹉的智商很高，它们对一切事物都怀有强烈的好奇心，看到什么新奇的东西，就想拿起来把玩一番，最后往往因为翻来覆去地研究，而把东西拆个乱七八糟。

▲ 葵花凤头鹦鹉

▲ 金刚鹦鹉

▲ 亚马逊鹦鹉

▲ 非洲灰鹦鹉

▲ 鸡尾鹦鹉

▲ 彩虹吸蜜鹦鹉

▲ 和尚鹦鹉

▲ 虎皮鹦鹉

▲ 德拜鹦鹉

"铠甲勇士" 穿山甲

穿山甲的鳞片主要成分是角蛋白，和指甲的成分相同。这些鳞片呈瓦状，可以像剪刀一样打开和闭合，十分锋利。它们的背部和四肢全部被鳞片覆盖，是名副其实的"铠甲勇士"了。

▲ 行走中的穿山甲

小黄快回来，不要吓到它。

▲ 缩成球状的穿山甲

鸟中仙子丹顶鹤

丹顶鹤是一种光听名字就让人觉得仙气飘飘的动物，它们头上的那块红色斑记更是为它们平添了一抹高贵的气

丹顶鹤是一种大型鸟，它们的身长为120~150厘米，翅展大约为200厘米。

丹顶鹤的腿好长呀。

质。但是这块斑记并不是羽毛，而是无毛的红色小肉瘤。换句话说，丹顶鹤其实是个秃子。当然，丹顶鹤并不是天生如此。幼年时期的它全身覆盖着灰色羽毛，随着年龄的增长，丹顶鹤会全身换羽，头也渐渐地秃了。

老马识途是有科学依据的

生活在始新世①早期至中期的始祖马只有小狗大小，曾被认为是现代的马的祖先，但经过科学分析证明这种观点是错误的。看来，叫"始祖"的也不一定和现在的晚辈有血缘关系。

老马之所以能识途，秘密在于它的鼻腔。马的鼻腔分为呼吸区和嗅觉区：呼吸区主要负责分泌黏液，防止灰尘进入；嗅觉区则布满了神经末梢，能让马根据气味来认路。当然，也不是所有马的鼻子都好使，那些得了鼻窦炎的马就够呛了。

在马镫没有发明前，骑兵在纵马奔驰时，必须紧紧抓住马的

① 始新世，开始于约5600万年前，结束于约3400万年前，标志着现代哺乳动物第一次走上历史舞台。

鬃毛，否则就有被颠下马背的危险。但愿他们胯下的坐骑没有得"脱毛症"。

▲ 甘肃山丹军马

小黄，你要是能像大马一样高就好了。

大脖子病患者长颈鹿

在雄性长颈鹿的一生中，它们的脖子和头骨都在不断地增重。脖子越大的雄性越受雌性的欢迎。

长颈鹿不仅脖子长，腿也很长，还长有铁锤般的蹄子。一旦遇到危险，它们就会扬起蹄子猛踢对方。雄性的蹄高足足有15厘米，雌性的蹄高也有10厘米。长颈鹿的脖子和腿都这么长，是不是更容易"骨折"？

长颈鹿的睡眠分为浅睡和深睡。浅睡的时候长颈鹿会站着，脑袋通常靠在树上，以减轻脖子的压力，进入深睡眠则需要像人类一样躺下。但它们是有名的"胆小鬼"，因为害怕在睡梦中被攻击，来不及逃跑，所以会弯曲四肢，扭转脖子，把屁股当枕头，这样在遇到敌袭时就能一跃而起，一溜烟地跑远。

为了求证长颈鹿是否会游

泳，两名国外的博士进行了一系列的科学实验，使用了长颈鹿的三维立体模型以及测试浮力的电脑软件。经过一番周折后，他们得出了结论：长颈鹿会游泳，但是游得比较笨拙。其实，测试长颈鹿是否会游泳很简单，只需两个步骤：第一步，找一头长颈鹿；第二步，把长颈鹿放到一个足够深的池塘里。

▲ 长颈鹿和小鸟

▲ 长颈鹿宝宝

▲ 长颈鹿喝水

狗的嗅觉比人类灵敏100万倍

狗的嗅觉灵敏度是人类的几百倍，这是现在普遍被接受的事实。而在1953年，有科研人员对狗进行了一系列实验，得出的结论是：狗的嗅觉灵敏度比人类强100万倍，甚至1000万倍。如果这个结论是真的，那么利用狗来搜索炸弹就太大材小用了，干脆用它们来搜索外星人得了。

▲ 威尔士柯基犬

在第一次世界大战期间，各参战国都编有军犬勤务部队，其中德国征召了3万条军犬，法国征召了2万条。在第二次世界大战期间，同盟国和轴心国一共征召了25万多条军犬，广泛用于探测地雷、警卫、报信、追踪、拉雪橇等作业。

▲ 小猎犬

吉尼斯纪录中"世界上最小的狗"是一只生活在美国的吉娃娃，它的身高只有15.2厘米，整个身体仅相当于一个可乐罐大小。

▲ 博美犬

▲ 边境牧羊犬

▲ 贵宾犬

▲ 雪纳瑞犬

▲ 法国斗牛犬

▲ 杜宾犬

▲ 金毛寻回犬

▲ 柴犬

▲ 小猎犬

▲ 马尔济斯犬

▲ 萨摩耶犬

▲ 哈士奇犬

袋鼠名字的起源

有个流传很久的说法，袋鼠的英文名源于澳大利亚土著语，意思是"不知道"。探险家库克第一次见到袋鼠，不知道这是什么动物，就向当地人打听这种动物的名字，但因为语言不通，库克就误以为"不知道"就是袋鼠的名字。

猜猜袋鼠宝宝在哪里呀？

唔……在袋鼠妈妈的袋子里。

不用喝水的考拉

考拉又叫树袋熊，这个词的原意是"不喝水"。考拉以桉树叶为食，由于这种树叶蕴含大量的水分，所以考拉无须再额外喝水，有的考拉甚至终生滴水不沾。这玩意儿简直比仙人掌还好养活。

▲ 考拉妈妈背着宝宝

考拉是一个"睡神"，每天大概有20个小时在睡觉，睡得昏天黑地。

考拉很少下地，偶尔觅食时才会在地上活动一下哦。

为什么它好像一直趴在树上呀？

装死对熊真的管用吗？

如果遇到一只棕熊，你应该立刻装死，因为棕熊不吃死的东西；如果遇到一只黑熊，你绝对不能装死，因为黑熊喜爱吃腐肉。然而，最悲哀的是，棕熊有可能是黑色的，而黑熊也有可能是棕色的。

熊是天生的美食家，它们对食物的选择十分苛刻，大多数时候它们只挑猎物身上那些营养价值较高的部分来吃，比如脑、皮肤和卵。

▲ 棕熊

也许你敢吃龙肝凤髓，但你绝对不敢吃北极熊的肝。北极熊的肝里含有大量的维生素A，足以因维生素A过量而置人于死地。即使只吃上一小片，也会导致恶心、呕吐、嗜睡、脱皮等症状。

除了繁殖，北极熊很少在大陆上活动。通常它们都会在冰冻的海面上走来走去，也就

是说它们没有固定的领地，只会向着食物前进。独自行走在寒冷又寂静无声的冰面上，北极熊也许是最孤独的动物了。

在冬季的11月到12月之间，怀孕的雌性北极熊会在内陆上挖一个雪洞作为自己的窝，开始冬眠。在睡眠中生下北极熊宝宝，一般都是双胞胎哦。北极熊宝宝会自己吃奶，等着妈妈醒来。

▲ 北极熊

北极熊捕猎最常用的方法就是"守株待兔"法。它们在冰面上海豹的呼吸孔或猎物看不见的地方，耐心等待几小时。恰当的时机来临时，北极熊会突然发动袭击，打猎物一个措手不及。

这跟它们生活的环境有关。

棕熊和北极熊的颜色完全不一样呢。

企鹅也会犯罪

生活在南极的阿德利企鹅会用石头来修建自己的巢穴，然而在南极很难找到心仪又合适的石头，有时候它们走了很远却一无所获，因此，有的企鹅走上了"犯罪"的道路。它们会偷偷观察邻居的动向，等邻居一离开家，它们就迅速跑过去叼走几块石头放在自己的巢穴里。勤勤恳恳外出找石头的邻居的巢穴还没建好，"鸡贼"企鹅的家已经完成得差不多了。

企鹅并不是南极的特有生物，不少品种的企鹅选择生活在更温暖的地方。比如黄眉企鹅生活在新西兰的南部地区；斑嘴环企鹅更怕冷了，生活在非洲；加岛环企鹅甚至生活在赤道附近。

加拿大动物园有两只雄性企鹅，像情侣一样形影不离，还一起修建了巢穴，与其他企鹅划清地盘。最后动物园对它们进行了强制分离。

在澳大利亚南部的某个小岛上有一个指示牌，上面写着：企鹅每天的登陆时间为八点零五分。来到这里的观光客，根据指示牌的提示，每天都能看到企鹅登陆的场面。如果你不听从指示，就无法看到企鹅，尽管这儿的企鹅不会"隐身"。

▲ 巴布亚企鹅

企鹅小时候都是毛茸茸的，换毛就相当于它们的成人礼了。

企鹅宝宝好像个猕猴桃啊。

▲ 帝企鹅

猪也有一座纪念碑

在德国的一个小镇上，竖立着一座猪的纪念碑。据说这个地方过去缺盐，有一天，镇上的居民发现有一头猪一直在拱土，人们觉得很奇怪，就在这个位置进行挖掘，最后竟然挖出了一座大盐矿。为了表达对这头猪的感激之情，人们就为它建立了一座纪念碑。

猪对食物比较挑剔，它们舌头上的味蕾非常发达，数量比人类多三分之一。从某方面来说，它们身兼"美食家"和"美食"两种角色。

萨摩亚人在吃猪肉时，会先用大火烧烤石头，再将滚烫的石头放进猪肚子里，用石头散发出的热量将猪肉烧熟。广东有道名菜叫猪肚包鸡，萨摩亚人则是用猪肚包石头。不知道会不会有不明真相的"吃货"把它们当成猪的胆结石？

拥有"豪宅"的狗獾

狗獾（huān）筑造的洞穴会被一代代继承下去，有的洞穴甚至已有几百年的历史了。有一座被发现的狗獾洞穴有130多个出口、50多个房间以及长达800米的地下隧道。住在这样的"豪宅"里，狗獾是幸福的，更何况它们的豪宅还可以永远住下去。

浣熊进屋，全家都哭

浣熊很难避免"脂肪肝"的厄运，因为它们会在体内储存大量的脂肪。也难怪，看看这些家伙的食谱吧：各种坚果、水果、青蛙、

不可以哦，浣熊有攻击性和破坏性，不适合当宠物。

浣熊好可爱啊，我能养它吗？

海鲜、昆虫、鸡蛋、植物……江海不拒细流才能成其大，浣熊不挑食才会得脂肪肝。那些胃口倍儿好、吃嘛嘛香的孩子，要注意了。

别看干脆面包装袋上的小浣熊可爱至极，现实中的浣熊可是个不折不扣的"破坏专家"。它常常偷偷潜入人类的房子里，偷食物，搞破坏，打宠物，以至于在国外有一句流行语"浣熊进屋，全家都哭"。

裸鼹鼠活得越久越不容易死

裸鼹鼠嘴边的肌肉发达，不过它们不是"吃货"，而是"挖洞专家"。一只裸鼹鼠1个月可以挖掘出长达800米的隧道。电影《肖申克的救赎》中的男主角要是能找来几只裸鼹鼠，哪用得着挖20年隧道啊，估计2个月就搞定了。

裸鼹鼠有着惊人的抗衰老能力。它们的死亡风险随着年龄的增长，逐渐低于其他哺乳类动物。

根据推算，假设人类和裸鼹鼠出生时的死亡风险都是0.1%：

0岁，人类0.1%，裸鼹鼠0.1%；

50岁，人类30%，裸鼹鼠0.05%；

100岁，人类99%，裸鼹鼠0.005%。

裸鼹鼠简直是现实版的"岁月神偷"啊。不过，裸鼹鼠的寿命最长也才30年左右。

驴奶很有营养

1984年，科学家首次在提取古生物DNA领域取得了成功。被提取的古生物看上去像带斑点的马，但它的名字不叫斑马，而叫斑驴。作为斑马的"老大哥"，斑驴已于1883年灭绝了。

公驴和母马杂交的后代叫马骡，公马和母驴杂交的后代叫驴骡，斑马和驴杂交的后代叫斑马驴或驴斑马。这些杂交的后代只有万分之一的概率能够繁衍后代，基本属于"天阉"。

据科学家研究，驴奶中含有丰富的硒、人体必需的脂肪酸以及乳清蛋白。

雪貂可以做保姆

　　雌雪貂如果在交配季节不能照顾自己的幼崽，就会找一只不育的雄雪貂帮忙照顾。一只雄雪貂一年可以照顾15只幼崽，比保姆还高效。

雪貂的视力很差，1米外的东西就看不出来了。

那我不能像它一样，我要好好保护视力。

土豚很强壮

土豚的耳朵像驴，腿像兔子，尾巴像老鼠，鼻子像猪。也许是因为它们在地球上生存的时间比人类还长，才没被轻蔑地称为"四不像"。土豚酷爱吃白蚁，一晚上能吃掉近5万只。它们强有力的爪子能轻易地掘开坚固的蚁丘，厚厚的皮毛能防止猎物的叮咬。最绝的是，它的鼻孔能够随意闭合，捕食的时候，鼻孔关闭，防止白蚁钻进去。

土豚和一种名为土豚瓜的植物建立了互帮互助的关系。土豚瓜的果实长在土里面，当缺少水源的时候，土豚就会挖出土豚瓜解渴充饥，而土豚排泄的粪便，又帮助土豚瓜传播了种子，保证了它的繁殖。

大象的耳朵像扇子

耳朵对大象来说非常重要，可以防止大象因为身体过热而死亡。大象扇动耳朵的时候，能够让自己血液的温度下降几度。大象太幸福了，到哪儿都能随身携带两个大型"中央空调"。

大象的平均寿命在50岁左右，死因大多是因为牙齿受到磨损，饥饿而死。如果专门给大象配俩牙医，不知道能不能提高它们的寿命。

大象被公认为最有人情味的动物，当同伴死去时，它们会主动把同伴掩埋。但是据科学家观察，大象不只会埋葬自己的同伴，还掩埋过犀牛、野牛乃至于人。看来，大象要么是一个极其"博爱"的家伙，要么就是一个喜欢"挖坑"的家伙。

大象睡觉的时间很短，一天不超过3小时，而且它们是站着睡的。难怪大象看起来老是眯着眼呢，原来是困了。

泰国人把捕获白象当

成国运兴隆的征兆。泰国大城王朝十六世王曾捕获7头白象，因此被称为"白象之君"。

▲ 街头白象雕塑

胆小的犰狳

长毛犰狳（qiú yú）是天生的近视眼，横穿马路时，会被行驶的汽车吓到，发出猪一样的嚎叫声，并到处乱窜。结果就是，它们有可能会嘭的一声撞到汽车上，死于非命。

犰狳一天中有17小时在呼呼大睡。它们睡觉的时候，即使被扫帚敲打都不会醒来。

在受到外界刺激的时候，犰狳的防御手段是跳离地面好几米。这种跳跃反射导致在美国得克萨斯州的高速公路上，经常能看到犰狳的尸体。

犰狳好像穿着一层盔甲。

这是它的骨质甲，用来保护自己。

蝙蝠很爱臭美

吸血蝙蝠其实没那么可怕，它们主要吸牛和马的血，偶尔也吸点火鸡血。就算它们要吸食人血，也不会只盯着你的脖子，会选择裸露在外的皮肤，比如你的脚。吸血蝙蝠的体形不大，每次最多只能吸食两汤匙的血液。不过，万一哪天你一不留神被蝙蝠吸了血，一定要立刻就医哦。

蝙蝠很可能是除了人之外最臭美的动物，每天都要花一定的时间做美容。不过它们美容的对象不是脸，而是翅膀，美容的方式主要是利用脸部腺体分泌出来的油脂来按摩翅膀，从而保护翅膀。

蝙蝠粪是很珍贵的肥料，也曾被用来制作火药。除此之外，在中医里蝙蝠粪药还被称为夜明砂，可清肝明目，具有很高的药用价值。蝙蝠估计都没想到，自己的排泄物会比自己还受欢迎。

翠鸟小小，羽毛可不少

翠鸟用长嘴叼住鱼后，先将鱼摔死，然后再从头部开始吞食，避免在吞咽中猎物挣扎。当它给幼鸟喂食时，同样会细心地将鱼头掉转过来，让雏鸟从头部进食。可怜天下父母心。

全身上下亮闪闪，我漂亮吗？

超漂亮的。

汪

蝴蝶的翅膀最美丽

　　蝴蝶翅膀上的鲜艳图案，是用来吓唬那些想要吃它的天敌的，而不是用来吸引异性的。真正让雌蝶动心的，是雄蝶翅膀上闪闪发光的鳞片。这些鳞片能反射紫外线，看起来十分美丽，再

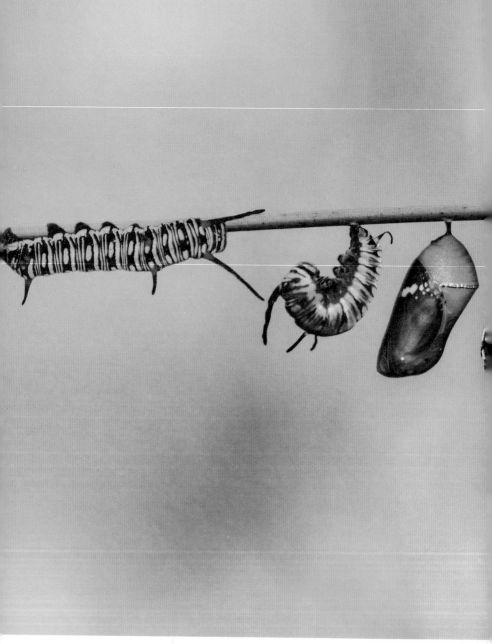

▲ 蝴蝶的生长过程

各种各样的蝴蝶

加上雄蝶散发出的浓浓的信息素气味，就足以把雌蝶迷得晕头转向了。

传说巴西北部山区有一种凶猛的蝴蝶，唾液含有剧毒，专门食肉，经常三五成群地追着牛羊等动物叮咬。当地的山民如果不穿保护衣，是不敢入山的，甚至有人被这种蝴蝶啃成了白骨。这个传说在网上被描述得有鼻子有眼，令人胆战心惊。当然，这肯定是假的，因为蝴蝶成虫无法进食固体食物，也就是说它们只能吃流食。

生物界有一种"拟态"现象。例如，有些蝴蝶能散发出一种令人厌恶的怪味，从而有效防止鸟类等天敌的侵害。一些原本没有怪味的蝴蝶会模拟这种蝴蝶，一生下来就具备和那些有怪味的蝴蝶相似的颜色和形状，从而让自己得以"蒙混过关"。有趣的是，它们必须专门模仿某一类味道怪异的蝴蝶，如果试图模仿两个或多个类别，那么很快就会被吃掉。看来，就算是"模仿秀"，也必须要专一一点。

小黄，我也好想像蝴蝶一样飞来飞去啊。

人类的亲戚——猩猩

大猩猩是害羞而安静的动物，它们对饮食非常讲究，只吃绿色植物和树皮，以及自己的粪便。在一个没有绿色植物和树皮的环境里，最先饿死的，肯定是那些便秘的大猩猩。

如果猩猩得了牙髓炎，它就会在嘴里涂一些湿泥，以起到镇痛消炎的作用。所以当你在动物园里，看到某个猩猩冲你露出满嘴黑牙的时候千万不要紧张，人家只不过是没钱请牙医而已。

猩猩能用三四十种不同的叫声，来表达三四十种意思。难怪"金刚"能够赢得美女的芳心呢，原来大猩猩比较"能说"。

黑猩猩会给自己修建简单的巢窝。所有的成年黑猩猩每夜都会建筑一个新的睡巢。

据科学家考察，猩猩会在没有食物的地方大喊大叫，将其他猩猩吸引过来，然后它自己再悄悄地去往真正有食物的地方，独享食物。猩猩肯定懂《孙子兵法》，这招明显就是"三十六计"里的"声东击西"啊。

猫头鹰是个大眼娃娃

猫头鹰之所以看上去很有智慧，是因为它们有一双大眼睛，其实这是一个美丽的误会。猫头鹰的头骨只有一个高尔夫球那么大，但是它们的眼睛却几乎和人类一样大，这就导致它们没有足够的空间来思考。

那它们的视力一定很好。

大多数猫头鹰都是夜行性动物，晚上才会出来觅食。

火烈鸟热情得像一把火

　　火烈鸟，全身覆盖着朱红色的羽毛，远远望去，像一团正在燃烧着的烈火。这种美貌并不是与生俱来的，而是需要后天的保养。因为火烈鸟羽毛的红色来自虾青素，虾青素需要通过食物来补充。吃得少了，羽毛就会慢慢褪成白色。看来，火烈鸟也需要营养均衡，注意保养啊。

火烈鸟是群居动物，最大的火烈鸟家族有上万个成员哦。

哇，好多火烈鸟啊！

松鸡是个大胖子

松鸡之所以面临灭绝的危险，不仅是因为人类要吃它们的肉，还因为它们过于笨重，经常在低空飞行时撞死在鹿场的围栏上。不知道松鸡是否考虑过减肥呢？

大块头的野牛也需要人类的保护

如果野牛长了皮肤癣，它会跑到泥潭里泡一会儿，然后爬上岸把自己晾干，如此反复几次，皮肤癣就治好了。现在流行的"泥浆美容"就是从这儿学来的吧？

19世纪中叶，北美野牛被人类盯上了，遭到了惨绝人寰的屠杀。一张牛皮能换2美元，一条牛舌能换25美分，这在当时算很不错的价格了。然而，每年几十万头被猎杀的美洲野牛只有五分之一被作为商品进行交易，其余的都被扔在野外烂掉了。看来没有买卖，也会有杀害。

一头牛每天能排出大量的甲烷（wán），是人为温室气体的重要源头。有趣的是，牛不仅放屁会污染大气，打嗝也会。

大雁是最守规矩的鸟

　　大雁之所以在飞行的时候保持整齐的"人"字形或"一"字形队伍，是为了省力。领头的大雁拍打翅膀，会产生一股上升的气流，后面的大雁紧紧跟着它，就可以利用这股气流，让自己飞得更快，于是它们就自然而然地排成了"人"字形或"一"字形。

马蜂：不是每只蜂都带刺

　　马蜂的刺是由产卵管退化而来的，只有属于雌性的蜂王和工蜂有刺。到了秋天，除了四处采蜜的工蜂，大批雄蜂也会飞出巢和蜂王交配。如果你捉住的是雄蜂，那就不用担心被蜇了。区分工蜂和雄蜂的关键在于体形，雄蜂的个头更大，眼睛也是工蜂的两倍大。雄蜂每天什么也不干，就在巢穴里白吃白喝，是个大懒虫。

青蛙是个 "活晴雨表"

　　青蛙被人们称为"活晴雨表"，因为它能感知大气的微小变化。非洲的土著一旦发现青蛙由水中爬到树上，就会着手做防雨准备。

　　青蛙被石块击伤后，内脏往往会从口腔里露出来，这时候它就会慢慢地将自己的内脏吞下去，一般几天后就能痊愈。人们一直以为青蛙是"小清新"，没想到它们是不折不扣的"重口味"。

青蛙的孵化过程

智利有一种达尔文蛙，每次产卵的数量仅有20~30粒。为了保护这些珍贵的"种子"，雄蛙会用舌头拾取一些卵，将它们储存在蛙嘴前部的声囊里，把这里作为临时的孵化室。不知道达尔文蛙会不会打嗝。

　　哥伦比亚西部的箭毒蛙是毒蛙之冠，一只箭毒蛙产生的毒素足以杀死1个成年人。当地土著会将箭毒蛙身上的毒液涂抹在箭头上，制成毒箭。大多数情况下，提取箭毒蛙身上的毒液，不需要杀死它们，只需要将箭头在它们身上摩擦几下就可以了。

青蛙是变态发育的动物，受精卵（水中）——蝌蚪（水中）——幼蛙（水中）——成蛙（两栖）。

青蛙宝宝和青蛙妈妈长得不一样呀！

癞蛤蟆的皮肤好吓人

无尾目中大约有3500多种生物，包括青蛙和蟾蜍。它们之间的区别主要在于皮肤。青蛙善于游泳，皮肤更光滑；蟾蜍多在陆地生活，皮肤长有疣粒。

其实癞蛤蟆就是蟾蜍，蟾蜍身体上的疣粒能分泌出一种乳白色的有毒液体。终于明白公主为什么要吻青蛙了，因为吻癞蛤蟆就双双中毒了。

最神秘的蟾蜍事件发生在2005年的德国汉堡。当时，一个池塘中的上千只蟾蜍身体膨胀、爆裂，很多蟾蜍的内脏被甩出一米多远。这简直是大规模杀伤性武器。有一种说法是，乌鸦咬穿了蟾蜍的身体，叼走了肝脏，导致蟾蜍血管破裂，随后身体内的器官被弹出。

蝎子妈妈是个"辣妈"

"怀胎十月"这个词充分说明了人类繁衍后代是个耗时间的活儿，但是在自然界中，有的母蝎子怀孕的时间比人类还要长。

它们肚子里的"蝎子宝宝"依靠和母体连接的乳头来吸收营养。

小蝎子出生后会爬到母蝎子的背上，这样一来，就没有任何东西能够伤害它们了。当然，凡事无绝对，当母蝎子找不到食物的时候，会把自己的孩子吃掉。这也叫"辣妈"，不过是"心狠手辣"的"辣"。

蝎子的尾巴上有根毒针，小朋友不要碰哦。

我会躲得远远的。

蚂蚁是最团结的动物

蚂蚁也有"特洛伊木马"，当臭蚁的蚁后被俘虏到敌方的蚁穴中时，它会趁其不备一口咬掉敌方蚁后的脑袋，然后产下自己的卵。而周围的工蚁们根本察觉不到这一切，它们又傻呵呵地开始为新蚁后服务。好一个漂亮的"刺杀行动"。

新几内亚的医生将蚂蚁作为缝合伤口的"夹子"，医生先将患者的伤口并拢，让蚂蚁咬紧伤口两边，再用剪刀剪掉蚂蚁的身子。看来不只是"死鸭子嘴硬"，死蚂蚁嘴更硬。

有一种嗜"酒"如命的褐蚂蚁，它们将隐翅虫圈养在自己的蚁穴里，馋"酒"的时候，就拉一下隐翅虫肚子两侧的绒毛，这时隐翅虫就会分泌出一种化学成分和乙醇非常相似的液体。褐蚂蚁喝了这种"酒"后，会觉得通体舒畅。如果褐蚂蚁的巢穴遭到灭顶之灾，它们往往会先去保护隐翅虫的幼虫，而不顾自己的孩子。

当蚁后想交配的时候，就会释放出一种信息素，这种物质能刺激族群内所有雄蚁的性欲。蚂蚁的交配方式也很丰富，有的在地上交配，有的在半空中交配，还有的在专门的"交配室"里交配。

当蚁穴受到威胁时，兵蚁会使用"化学武器"，比如咬住敌人的同时注入有毒物质，或者喷出一团黏糊糊又有毒的东西，腐蚀敌人。这些"化学武器"能有效地减缓入侵者的前进速度。

蚂蚁能举起比自己体重高很多倍的食物哦。

原来蚂蚁是个大力士啊。

苍蝇也有优点

苍蝇停在某个地方时，经常会不停地搓脚，这不是因为它们爱干净，而是因为它们的味觉器官长在脚上。它们一闲下来就搓脚，是为了保持味觉器官的灵敏。

苍蝇的消化道工作效率很高，当食物进入后，消化道能在7~11秒内，将营养物质吸收，并且把废物排出体外。这种边拉边吃的习惯真是惜时如金。

只有一小部分苍蝇对人类有害，大多数苍蝇不仅无害，还可以帮助植物授粉，让腐烂的物质再循环。

屎壳郎盘粪球，一推一个准

古埃及人将屎壳郎称为"圣甲虫"，他们认为屎壳郎推的粪球是地球的模型，还认为它们推粪球的动作和星球运转的方式一致。"手不是手，是温柔的宇宙，我这颗小星球，就在你手中转动。"

某些吉丁虫最爱着火了

在森林发生火灾时，其他动物都纷纷向外逃跑，只有一些吉丁虫一股脑儿地往里钻。这是因为它们偏好选择烧毁的树木为家。它们身上有热辐射探测仪，能探测到几十千米之外的火灾。

地球曾经的统治者——恐龙

1952年，四川马鸣溪的工人在修路时挖出了许多奇怪的"石头"，经古生物学家仔细研究发现，这是一种世界上尚未发现的恐龙化石，于是就将它命名为"马鸣溪龙"。因研究人员有口音，被误听成"马门溪龙"，后来马门溪龙的名字便流传开来。由于当时正值新中国建设时期，按照当时双名法的规定，必须要给它起个"种名"，于是这种恐龙的名字就变成了"建设马门溪龙"。

马门溪龙的身躯庞大，但脑袋非常小，一只活着的马门溪龙有四五十吨重，而它的脑容量只有60毫升左右。不过，在马门溪龙的臀部脊椎上，有一个比脑子大好几倍的神经球。这个神经球控制着马门溪龙的后腿和巨大的尾巴，相当于马门溪龙的后脑。

▲ 马门溪龙还原模型

虽然马门溪龙有两个脑子，但它的"脑量商"（脑量商越小智商越低）却只有0.2~0.35，基本上是个"没脑子"的家伙。

在电影《侏罗纪公园》里出现的大部分恐龙都不是生活在侏罗纪，而是生活在白垩纪，尤其是影片中的"第一男主角"霸

马门溪龙的脖子最长能达9米。

它们的脖子好长啊。

王龙。

霸王龙的视力极好，它们的眼睛不仅又大又亮，而且位置靠前，两眼能同时聚焦在一个物体上，看到立体的图像。霸王龙太幸福了，每天一睁开眼，就能看3D电影。

甲龙从头到尾都长满了坚硬的骨甲，由于身体过于笨重，它们只能用四肢在

▲ 恐龙化石

地面上缓缓爬行，看上去就像一辆坦克车，因此有人把它们称为"坦克龙"。

美国考古学家曾在蒙大拿州挖掘出一具"恐龙木乃伊"，这具恐龙化石并未完全木乃伊化，仍然覆盖着很多软组织，包括鳞片、皮肤、肌肉。考古学家们给这具"恐龙木乃伊"起了一个特

别酷的名字：莱昂纳多。

美国纽约自然历史博物馆的研究员曾在大沙漠里发现了一具保存完好的恐龙化石。据考古专家分析，这是一只8000万年前的食肉恐龙。据化石显示，这只恐龙死前正在孵蛋，它的前腿微微弯曲，前爪伸向后方，像是在守护着自己的卵。

美国中亚科学考察队曾在一只素食恐龙的胃部发现了112颗小石子。科学家认为，这些小石子是被恐龙吞进去的，在胃的蠕动下帮助磨碎食物，渐渐地被磨光了。古生物学家把这些石头称为"胃石"，它们有利于恐龙的消化，相当于现在人们经常吃的健胃消食片。

加拿大古生物学家拉塞尔认为，如果恐龙没有灭绝，那么白垩纪最聪明的恐龙伤齿龙就会进化为"恐人"，取代人类统治地球。

副栉龙发声靠的不是嘴巴，而是头上的冠子。这是在打鸣吗？

信天翁是最会飞的鸟

信天翁能够一连数月在海上生活，饿了就捕食海里的鱼虾，渴了就喝海水。信天翁的鼻子呈管状，当体内盐分过多时，盐溶液会通过鼻管排出体外。如果人类也有个"去盐腺"，那么鲁滨孙在海上漂流的时候，就可以天天喝免费的"紫菜蛋花汤"了。

信天翁可以说是最会飞的鸟类，有的信天翁绕地球一周只需两个月，在翱翔的时候，最长能够连续六天不扇动一下翅膀。信天翁在飞行的过程中，只在起飞时需要用力扇动翅膀。还有一种

▲ 皇家信天翁

更强悍的"鸟"，无论是起飞还是落地都不需要扇动翅膀，它的名字叫飞机。

有些动物并不像人类一样每日需要长达8小时的睡眠。它们的睡眠方式很奇特，一半大脑睡眠，另一半大脑保持警觉，这就是单半球慢波睡眠。比如信天翁在飞行过程中就会进入这种睡眠状态，左右半脑交替休息，身体机能仍在保持活动。你以为我睡了？骗你的。

一只信天翁一生的飞行距离会超过600万公里。

它好能飞哦。

锥虫是致命的害虫

锥虫是一种寄生在人体组织和血液中的鞭毛虫，它会导致人体淋巴结肿大、心肌发炎、脑膜发炎。感染者最显著的症状就是嗜睡甚至昏睡。童话里的"睡美人"没准就是感染了这种寄生虫，王子快别做"人工呼吸"了，有病看病吧。

甲虫是"大吃货"

甲虫是世界上最不挑食的动物，它们的食谱非常丰富，其中有微生物、死尸、烟草、粪便、树汁、植物等。可以说是自然界"第一大吃货"了。

蜜蜂是舞王

据科学家研究，在人类所有的食物中，有三分之一依赖于蜜蜂授粉。看来蜜蜂是生物界的"追星狂"，要不然为什么"粉"那么多生物？

侦查蜂发现蜜源后会回到蜂巢，向工蜂翩翩起舞，一会儿向左，一会儿向右。因为侦查蜂跳舞的轨迹呈"∞"形，所以也叫"8字舞"。舞蹈时间越长，就表示蜜源越丰富哦。

蝾螈是"死宅"

"你是不是发育缓慢啊?"这是一句讽刺的话,意思是说别人智力低下。但是在自然界中,有一种动物不是发育缓慢,而是直接在幼年的时候就停止发育了,它就是美西钝口蝾螈。它们一生都生活在水里。

蝾螈是最"宅"的动物。它们不愿意离自己的居住地太远,偶尔爬个十几米就算出趟远门了。现在它们基本只生活在墨西哥郊外的湖河之中了。

蝾螈对温度很敏感。气温骤降,会导致大量的蝾螈死亡。

牛虻的鼻子超灵敏

人们在游泳的时候,由于运动激烈,身体会散发出一种由氨酸和胺混合而成的特殊气味。这种气味对牛虻特别有吸引力,它们会循着气味而来,追着游泳的人叮咬。

蜘蛛的卵都藏在它的大肚子里

蛛丝的强度是钢丝的5倍，其延展性是尼龙的30倍，为啥蜘蛛不开个服装店？

亚马逊巨人食鸟蛛是世界上体形最大的蜘蛛，其足展①可达28厘米。它们虽然叫食鸟蛛，但是最爱的食物并不是鸟，其食谱

---

① 足展是测量蜘蛛长度的一种方式，指蜘蛛在完全伸展开步足的状态下，从第一步足前端到第四步足末端的长度。

主要由两栖动物、小型脊椎动物以及一些甲虫类动物组成。在南美洲东北部的人类眼中，它们也是"行走的美餐"。

蜘蛛的生殖系统集中在腹部，雌蜘蛛的产卵数量多达3000粒。怪不得蜘蛛总是挺着个大肚子，人家肚子里是真有"货"啊。

有的书本里，经常会出现类似这样的描述："春蚕是一种高尚的小生命，它吃的是桑叶，吐出的却是一缕缕能够制衣的蚕丝。春蚕无私地将洁白的蚕丝奉献给人类，然后默默无闻地死在蚕苗之中，度过了短暂而光荣的一生。"其实，吐丝的不只是春蚕，还有蜘蛛，不过蜘蛛丝织成的衣服价格高昂。

反刍动物的胃太强大了

偶蹄目反刍动物的胃有4个室，食物经过咀嚼后会先进入头两个胃室：瘤胃和网胃。在这两个胃室里，食物在细菌的作用下被消化成软块，再重新返回口腔进行充分咀嚼。反刍后的食物被重新吞入后，再进入另外两个胃室——重瓣胃和皱胃——继续进行消化。这种复杂的消化过程，让反刍类动物能在短期内吞下大量食物，然后再悠闲地进行咀嚼和消化。如果人类有这么强大的反刍功能，那么所有的自助餐饭店估计都会倒闭。

舌头不止用来尝味道

啄木鸟的舌头又细又直，还有倒钩，能帮助它们捕捉树干里的虫子；蛇的舌头是重要的感觉器官，通过一伸一缩来探测周遭的环境；青蛙的舌根在嘴边，舌尖则向着喉咙一侧生长，遇到昆虫的时候，能迅速翻出舌头上的黏液，将它们卷到嘴里；天热时，狗会伸出舌头，用来散热和调节体温。

奇特的羊

鬣羚是种令人迷惑的动物，它们的头像羊，角像鹿，蹄像牛，尾像驴，属于牛科、羊亚科、鬣羚属。真搞不清楚这究竟是个什么动物。

在美洲的草原上有一种羊叫"晕倒羊"。它们只要受到一点点小的惊吓，就会立马倒地，四肢僵直，一动不动，像死了一样。其实这是因为它们患有先天性肌强直症，一紧张，四肢就无法动弹。现在它们已经变成了招揽游客的观赏项目了。

"喵星人"的来头可不小

在古埃及人的眼里，猫就是上帝。不管是你的错还是猫的错，只要你杀了一只猫，你就会被处死，用自己的生命给猫陪葬。即使猫是自然死亡的，古埃及人也要剃掉自己的眉毛，给"喵星人"陪葬。

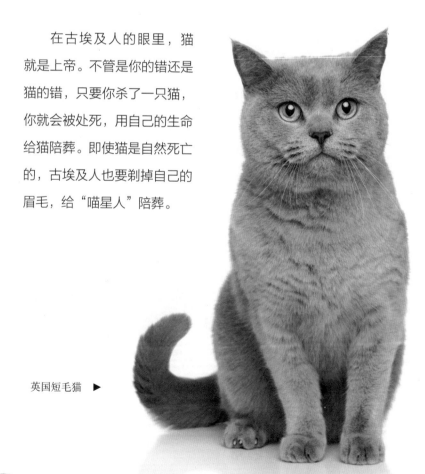

英国短毛猫 ▶

▲ 暹罗猫

▲ 美国卷耳猫

▲ 挪威森林猫

▲ 布偶猫

小黄，不要追啦。

▲ 英短金渐层

最萌动物·小熊猫

19世纪，法国动物学家弗列德利克·居维叶第一次见到小熊猫时，就被它火焰色的皮毛和憨态可爱的形象深深吸引了，于是他以希腊语"Ailurus fulgens"（火焰色的猫）命名了小熊猫，而且在自己的简历上也骄傲地写上了"小熊猫的命名者"。

提起小熊猫，总有人误以为它是大熊猫的孩子。其实小熊猫和大熊猫是两种完全不同的动物。分类上，小熊猫属于小熊猫

科，大熊猫属于熊科。毛发颜色上，小熊猫全身是红褐色的长毛，耳朵、嘴部、鼻子的上方、两颊和眉毛上都有白色的毛发。大熊猫则是头部和身体的毛色呈黑白两色。从习性上来看，小熊猫很喜欢太阳，它们经常蹲在或躺在树上晒太阳，而大熊猫更喜欢藏在阴冷潮湿的竹林里。

> 它们的尾长占体长的一半以上，可以帮助它们保持身体平衡。

> 小熊猫的尾巴毛茸茸的。

占山为王的老虎

老虎在我国四川有个花名叫"扁担花"，这源自它身上黑色的细长花纹。但老虎不是为了漂亮才长这些花纹的，而是为了在山地里掩藏自己的行踪，将自己与自然融为一体。

常常有人说，老虎慵懒的样子就像一只大猫咪。老虎确实和猫是近亲，都属于猫科。在捕猎时，它的足部带有趾垫，走路的

▲ 龇牙

▲ 蹲着

▲ 趴着

时候悄无声息。猎物还没有察觉时，老虎就已经离得很近了。等到理想的时机，它会一跃而起扑翻动物，这是不是很像家猫捕捉老鼠的动作呢？

老虎是独居动物，独自承包整个山头。它拥有健硕的身体、强健的四肢、锋利的牙齿，是不折不扣的"山大王"。

这是老虎的保护色。

老虎的花纹好漂亮啊！

▲ 躺倒

▲ 站起来

▲ 走路

体形巨大的河马

　　河马的体形巨大，体长2~5米，肩高1.5米左右，体重1300~3200千克。它还长有一张可以张开90度的嘴和长度可达70厘米的牙齿。河马基本没有天敌，哪怕河里的霸主鳄鱼见到河马也要绕道走开。

　　河马在岸上觅食时，一般单独行动。但在水里泡澡时，却是一大群河马聚集在一起。雌河马和小河马组成一群，雄河马组成另一群。想不到河马的性别意识还挺强。

曾有人在网上发帖说，河马是个爱管闲事的"马大姐"。野牛群渡河时，被鳄鱼攻击。河马看到后，会冲上去赶走鳄鱼。但这并不是河马好心帮助野牛，而是它们觉得自己的领地受到了侵犯，它们不仅会赶走鳄鱼，也会赶走野牛。

没错，河马的全身是不长毛的，只有尾巴上有些短毛。

河马的身上光溜溜的。

非洲草原的霸主——狮子

狮子是猫科动物中唯一的群居动物。狮子家族由一头成年雄狮、多头成年雌狮和幼狮组成。雄狮主要负责巡视和保护领地，雌狮主要负责捕猎。

狮子在人类社会中的社会地位非常高。在古埃及的金字塔旁有狮身人面像，在旧石器时代的西欧岩洞壁画上也有它的身影，新巴比伦王国的伊什塔尔门上有雄狮浮雕，我国古代用石狮子来辟邪。可以说，狮子在人类的发展史中也有一席之位。

非洲大草原的白天非常炎热，狮群只会懒懒地躺在树荫下休息，等到晚上才会发起狩猎的号角。

"佛系"的水豚

水豚是世界上最大的啮齿类动物，体长能达到1米多，肩高也有0.5米。它们遇到危险时会跳入水中逃跑，是一个游泳好手了。

要说世界上脾气最好的动物，那绝对非水豚莫属了。水豚在动物世界有很多的好朋友，它们常常在一起泡澡。好朋友们很喜欢站在水豚的身上，比如鸟和猴子，但是水豚一点都不反抗。哪怕人类在它头上放几个橘子，它也会平静地接受。

水豚看着胖乎乎的，走起路来不紧不慢。其实它们的体脂率很低，皮下脂肪很少，四肢长有结实的肌肉，爆发力很强。这样看来水豚也是短跑健将呢。

伪装冠军变色龙

环境的改变并不是变色龙变色的唯一因素，它们变色还取决于心情和身体情况。两只变色龙相遇，它们的体色也会发生改变。通常，雄性的颜色比雌性的更加鲜艳，这是因为雄性的体色在求偶时尤为重要，颜色鲜艳的个体在斗争中赢得交配权的可能性更大，而雌性占有生育主动权，体色相对暗淡。对变色龙来说，身体颜色的变化是传递信息的一种方式，这就像我们看到红绿灯变色一样，红灯一亮，我们停下，绿灯一亮，我们前进。

变色龙的学名叫避役，也属于避役科。同一科的变色龙体长差异很大。最大的国王变色龙体长能达到60厘米，而最小的侏儒变色龙只有人的指甲盖大小。

雅致的斑马

斑马最引人注意的莫过于它身上的斑纹了。关于斑纹的作用有很多说法：一是每只斑马身上的斑纹都是独一无二的，就像人手指的指纹一样；二是斑纹是斑马适应环境的表现，可以干扰捕食者的注意力，从而保护自己；三是斑纹会减少蝇虫的叮咬。难怪在夏天，很多人都爱穿斑马纹的衣服。

斑马是草食性动物。它们不挑食，它们的食谱里不仅有草原上的草，也有树枝、树叶甚至树皮。

斑马是群居动物，它们会轮流担任警卫员。

难怪它们这么安心地喝水。

"二刀流"螳螂

在田间地头，螳螂出现的频率很高。三角形的头部可180度转动，明亮亮的复眼又大又透亮，细长的身材再加上两把"大刀"，这就是我们心中的螳螂形象了。这两把"大刀"其实是螳螂的前肢，它们举起前肢的样子像一个少女在祈祷，所以螳螂又被称作祷告虫。

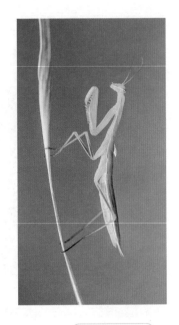

螳螂的一生包括卵、若虫和成虫三个阶段。秋天，雌螳螂在树枝上产下卵。卵的外面被一层厚厚的卵鞘包裹并保护。在寒冷的地区，卵会等到第二年夏季才开始孵化。新生的小若虫立马就可以活动并捕食猎物，但是只有极少数能够长成成虫。

相信看过动画片《黑猫警长》的人都会对螳螂新娘吃掉螳螂新郎的画面记忆犹新。但在自然界中，雄性螳螂在交配后被吃掉的概率并不高。多数情况下，雄性螳螂都会安全离开。

大长腿的非洲鸵鸟

非洲鸵鸟是世界上现存鸟类中唯一的二趾鸟类，同时也是世界上最大的一种鸟类，高2~3米。奔跑中的鸵鸟看起来很轻盈，其实它们的体重能达到150千克，是不折不扣的重量级鸟了。

虽然鸵鸟是鸟，但它们更擅长在陆地上奔跑，一条大长腿迈出一步就是3米多。如果我们站在距离鸵鸟10米的地方，它最多三步就走到了我们的眼前。鸵鸟很有耐力，可以连续奔跑半小时，最高时速可达70千米左右，这速度已经可以上高速了。

鸵鸟面对危险时，并不会将头埋在沙子里，而是会迅速逃跑或者用强有力的后肢踢向敌人。鸵鸟虽然不会飞，但是它们的羽毛并不是装饰物，而是帮助它们在高速奔跑时改变前进的方向。

▲ 鸵鸟蛋和鸡蛋

鸵鸟蛋的平均高度有15厘米呢。

鸵鸟蛋比鸡蛋大这么多吗？

圆滚滚的竖琴海豹

刚出生的小海豹非常瘦，但是它们每天都会疯狂地吃奶，过不了几天，它们就长成了圆滚滚的模样，体内脂肪重量能占到体重的一半。断奶之后，小海豹不能立马就进食鱼虾之类的食物，

它们只能靠消耗自身脂肪来维持生命。换毛之后，它们就可以自己下海去抓鱼了。

小海豹的全身覆盖着变色的胎毛，半个月后毛色逐渐向银灰色变化。成年后，海豹上半身长出黑色竖琴形状的斑纹，这也是它们名字的由来。

北极女王雪鸮

雪鸮是一种猛禽，但是由于它们亮晶晶的眼睛、圆圆的脑袋以及雪白的羽毛，人们总是把它们当成温顺的鸟类，其实它们的攻击性不可小觑。

雌性雪鸮体长可达70厘米，雄性雪鸮略小，也达到了60厘米。它们通体全白，羽毛上有黑色斑点。雌性为了孵卵和育雏时隐蔽自己，黑色斑点会一直保留，雄性则会随着年龄的增长，全身逐渐变成白色。

当然有了，被羽毛挡住了。

雪鸮圆圆的，它们没有耳朵吗？

雪鸮生活在北极地区，白色的羽毛为它们提供了完美的伪装。因为生存的地区寒冷，保持热量极为重要，所以雪鸮的羽毛覆盖全身，甚至也长在了腿上和脚上。雪鸮这算有了一件真材实料的"羽绒服"了。

其实很温顺的鲨鱼

　　鲨鱼其实没有想象中那么可怕，只有1%的鲨鱼会攻击人类。2005年，全世界一共发生了几十起鲨鱼攻击人的事件，有4人被杀死，但是人类为了获取鲨鱼肉和肝脏，每年要杀死很多只鲨鱼。动物凶猛，高级动物更凶猛。

　　有些鲨鱼虽然凶猛，却能和不起眼的鮣（yìn）鱼为伍，而且鮣鱼还能从中得到好处。鮣鱼的头部有一个椭圆形吸盘，可以吸附在鲨鱼的腹部。这样一来，鮣鱼就能随着鲨鱼四处巡游，并在鲨鱼饱餐之后，享受残羹。鲨鱼肝脏中的维生素A含量过多，吃多了就会中毒，而鮣鱼的胆汁同样具有毒性，这俩结伴闯江湖的哥们儿还真是"肝胆相照"呢。

仰泳专家反游鲶鱼

　　反游鲶鱼生活在尼罗河和刚果河里，它们在游动时肚皮朝上，就像一个仰泳专家。因此，反游鲶鱼成了鱼类收藏家的掌上明珠。反游鲶鱼之所以能"仰泳"，是它耳内平衡器官的逆反造成的。

水母像个小精灵

　　箱水母是地球上已知的最毒的生物，它的毒液会伤害皮肤、神经系统以及心脏，在三分钟内就能够致人死亡。箱水母虽然很

毒，但是却没有脑，也没有中枢处理功能，只有嘴的周围有一条神经环，简直就是个恐怖的"无脑杀手"。

因为水母的身体里大约95%都是水，所以它们看起来像是透明的。

海参的呼吸器官很独特

海参体内有1个或2个像树杈的器官，也叫"呼吸树"，与泄殖腔相连。水通过泄殖腔进入呼吸树，达到呼吸的作用。说得直接一点，海参是通过肛门来呼吸的，它的肛门身兼排泄和呼吸的功能。但不是所有海参都有呼吸树。

海参的体内也有寄生物，那就是隐鱼。隐鱼由于自身有缺陷，很难独立生存，所以会趁着海参用肛门呼吸的时候，一溜烟地钻到海参的肠道内。好吧，就此打住，毕竟对于我们人类来说，这些描述太重口味了。

海参最恐怖的招数，就是在遇到危险时，把自己的肠子向外喷出。趁着天敌吃肠子的时候，自己赶紧逃跑。至于寄生在肠子里的隐鱼能不能跑掉，就看它们的造化了。

龙虾的视力极好

只要鳃保持湿润，龙虾就能够呼吸，即使离开水，也能存活一段时间。

龙虾的眼睛由很多极细的细管组成，这些细管整齐地排列在一起，形成一个球面，当外界的光照过来时，就会形成反射现象。靠着这个特质，龙虾在很远的地方就能发现敌人，让自己有充分的时间逃命。

胖乎乎的虎鲸是海上一霸

　　"海上霸主"虎鲸是一群社会化程度很高的动物。通常一个虎鲸家族由几十个成员组成，家人之间互相帮助。如果某只鲨鱼猎杀了一只虎鲸幼崽，那么整个虎鲸家族会一起出动去找鲨鱼复仇。

虎鲸智商很高，在捕猎中尤为明显。比如它们会制造小海浪将趴在冰面上的海豹冲下水；假装自己搁浅，吸引猎物注意，其他成员再悄悄靠近捕猎；从侧面撞击鲨鱼致其昏厥，然后将其翻转，腹部朝上，顶在头上等着对方死亡。不得不说，智商高，生存都变得更容易了。

小黄，虎鲸好大啊，有7米多长呢！呼呼呼。

龟是最长寿的动物

龟是恐龙的亲戚，最早的化石是南非二叠纪的古龟，到现在已经存在了2亿年。

一位美国海员曾捕捉到一只长达2米的大海龟，据专家鉴定，这只海龟已经有200多岁了。

世界上最长寿的龟，是一只名为艾德维蒂亚的象龟。它在印度加尔各答市的一个动物园去世时，享年255岁。这只龟拥有波澜壮阔的一生，它先后经历了工业革命、法国大革命。

一只象龟可以供好几个人享用，它的肉和脂肪是美味，它的肝也是美味，它的骨髓更是美味，它下的龟蛋则是美味中的美味。从第一次发现象龟，到它获得自己的学名，足足花了300年的时间。

海龟和鱼不一样，它们是用肺呼吸的，所以每隔一段时间，就要露出水面换气。

那它们憋气的时间好长啊。

鮟鱇像个小灯笼

鮟鱇是深海中最苦闷的鱼，在漆黑的海水中，它们拖着自己脆弱的身子骨，利用皮肤上发光的细菌来吸引猎物，殷殷地盼望着某个不长眼的家伙能自动送上门来。鮟鱇的一生极其乏味，除了等待送上门的食物没有别的事可干，而每次的等待时间很可能长达几个月。它们唯一值得骄傲的事情就是胃很大，能够吞咽比自己大两倍的猎物，是名副其实的深海大胃王。

黄鳝可以改变自己的性别

黄鳝刚出生时都是雌性，在尽完做妈妈的职责后，部分黄鳝的性别开始变化，变成雄性，之后就不能再逆转了。

寄居蟹是个"租房奴"

寄居蟹很霸道，当它原先的寄居螺壳容纳不下它时，它就会找其他"房子"。如果它找到的螺壳里有其他"住户"，它就会

使用暴力将弱者驱走；如果螺壳里的是柔软的贝类，寄居蟹就会将其杀死吞食，然后夺取它的壳。太残暴了。

鲸鱼是个歌唱家

鲸鱼的"歌声"是动物所能发出的音量最大的声音，有些歌声甚至在几千里之外都能感觉到，这大概就是金庸小说里的"千里传音"。抹香鲸能够将声音聚集在一起，形成爆炸声，这简直就是鲸鱼中的摇滚歌手。

座头鲸是大海中的"歌唱家"，它们不是机械地"演唱"，而是不断变换着自己的歌声，一边游泳一边"作曲"。据说，座头鲸的歌声其实是一种类似高分贝广播的信号，主要作用是吸引异性注意。最有趣的是，它们会根据听到的叫声来修正自己的声音。

鲸鱼是海里的大块头，但是它跟海豹、海象等水生食肉动物并没有什么亲缘关系。和鲸亲缘关系最近的要数河马，其次是猪。你没看错，确实是猪。

章鱼分不清性别

章鱼最不擅长辨别同类的性别。如果把两只章鱼放在同一个容器里,它们不会管对方是同性还是异性,会拥抱在一起,进行交配。有时候,两只相拥的章鱼会在1分钟内分开,有时候这个过程会持续好几天。不知道预言帝章鱼保罗在交配前能否预测出对方的性别。

章鱼有着强有力的吸盘,并且喜爱吸附器皿。希腊克里特岛的渔民经常把拴着绳子的章鱼丢进海里,让章鱼去海底抓煤块,等煤块抓得差不多了,再将章鱼拉上来。

曾经有人在法国附近的海底发现一艘货船。这艘货船是古希腊时期沉没的,船上装有很多大大小小的器皿。人们惊讶地发现,几乎每只器皿里都有一只章鱼"居住"。原来章鱼酷爱容器,喜欢钻进去藏身。渔民们知道章鱼的习性后,改进了捕捉章鱼的方法。他们将各种不同形状的容器拴上绳子沉入海底,或者将几百只海螺贝壳织成的网撒向大海,这些方法能够捕到不少章鱼。

3.8亿岁高龄的胚胎化石——艾登堡鱼母

澳大利亚科学家约翰带领他的团队，从古生物化石中，发现了最早的关于动物胎生的证据。这个化石不是猩猩或类人猿的，而是泥盆纪的海洋生物的。这个有着3.8亿年历史的胚胎化石被命名为艾登堡鱼母。艾登堡并不是发现地，以此命名是为了感谢BBC主持人大卫·艾登堡。他在发现化石的30年前，就在电视节目中引起了大家对这个地区的鱼类化石的关注。

鱼生就是要"支棱"起来

有一种古生物叫甲胄鱼，它们有大量的鳃，这些鳃由一系列的骨骼支持，每一处骨骼都由数节骨头组成，其形状像一个躺着的"V"字。

我国南方沿海有一种鱼叫弹涂鱼，又叫跳跳鱼。据当地人说，这种鱼不但能在滩涂上跳来跳去，还能依靠发达的胸鳍爬到树上，等玩腻了，再跳回水里。

海洋旅行家印头鱼

在我国近海有一种鱼，它们的头顶上长着一块椭圆形的印子，就好像印章，于是人们都管它们叫"印头鱼"。印头鱼经常用脑袋上这个印子吸附在鲨鱼、鲸鱼等大鱼的腹部，或是木船的底部，进行"免费"旅行。有人说它们是天生的旅行家，可以称为"海里的马可·波罗"。

凿船贝——我的牙口超级好

大海里有一种专门凿船的贝类，叫凿船贝。它们的贝壳外侧有很多细密、整齐的齿纹。这些齿纹就像木锉一样，是凿船的利器。凿船贝先用自己的足和外套膜固定身体，然后不断伸缩闭壳肌，让贝壳不断旋转摩擦，像木匠一样对船只进行钻孔作业。凿船贝是很多起海难的肇事者，船员们对它们极其痛恨，管它们叫"船蛆"。船蛆的贝壳位于身体的前端，小得不足以遮掩身体，所以整个身体是裸露的。

海上救生员——海豚

海豚的智商非常高，被称为"海中智叟"。它们通过一种类似口哨的声音进行交流。当它们彼此对话的时候，不知道会不会尿急。

海豚对人类很友好，遇到落水的人就会做出托举的动作。有一种观点称，这是因为刚出生的小海豚需要呼吸空气，母海豚会将海豚宝宝托举出水面，也就是说，海豚救人其实不是刻意为之，而是习惯使然。

不是哦，海豚和我们一样是哺乳动物。

海豚是鱼吗？

极北鲵一觉睡醒，世界都变了

极北鲵在冬眠之前，体内会产生一种防冻的化学物质，这种化学物质能够让它们在零下50℃的环境下生存，并且能够生存很多年。夸张的是，有些极北鲵自万年前的最后一个冰河时代结束后，到现在一直都处于休眠状态。当它们睁开眼的时候一定会感到很惊讶，因为这个世界已经大变样了。

电鳗是不用充电的"电池"

电鳗是南美特有的一种热带鱼。在捕捉电鳗时，稍有不慎，就有可能遭到电击，遭受袭击者会出现灼痛、发热等症状。曾有传闻，当地的土著人利用电鳗的电击来治疗风湿痛，效果奇佳。

跳高冠军跳蚤

跳蚤身高不足5毫米，其跳高纪录却为22厘米，还有什么比这更励志的吗？高，实在是高。

第二章

植物乐园：
越美丽越有毒

向日葵——我一心向太阳

　　葵花也叫向日葵，它的花盘在白天会追着太阳转。向日葵茎端生长区两侧的叶黄氧化素和生长素的浓度成反比，叶黄氧化素在向阳的那一面含量较高，在背光的那一面含量较低，这是它向阳的原因所在。

是的，葵瓜子还可以用来榨油。

我们常吃的葵瓜子就是向日葵的种子吗？

菠菜可以抗衰老

菠菜对人体肌肉的增长并没太大作用，但它含有"抗氧化物质"，能够减缓大脑的老化。由此看来，大力水手吃了菠菜后，变粗变大的不应该是胳膊，而应该是脑袋。

万年青——绿色是我的保护色

万年青属于阴性植物，它在海平面全光照的十分之一甚至更低时就能达到光饱和，这是它长年待在阴暗的地方仍能保持碧绿的原因。如果植物之间能彼此交流，那么昙花最有可能对万年青说的一句话就是：一万年太久，只争朝夕。

栓皮栎——我才不怕扒皮

在葡萄牙生长着一种名为"栓皮栎"的树木。这种树有一个与众不同的地方，那就是不怕被剥皮。栓皮栎的树皮被剥光后，就会露出橙黄色的内层，并很快长出新的树皮，而且比前一次的树皮更厚。在我国的华北和西南地区也长有栓皮栎，只是它们的树皮厚度较薄。

马铃薯曾经有个奇怪的名字

马铃薯的原产地在南美洲，是当地印第安人的主要食物，被当地人称为"爸爸"。

"野猪粪"也是美味

猪苓属于担子菌亚门多孔菌科，是一种名贵的药材，有利尿解热的功效。同时它也是一种食用菌，是餐桌上的美味。不过它还有一个别名，说出来可能会倒人胃口，那就是野猪粪。

红树宝宝是"胎生"

有一种叫红树的植物，它的种子成熟以后，会直接在果实中发芽，吸收母树中的养料，直到长成一棵胎苗，才脱离母树独立生活。红树之所以是"胎生"，和它所处的环境有关。潮水对红树的威胁很大，一旦红树的种子成熟，就会立即坠入海中，被浪花冲走，从而丧失繁衍后代的机会。看来，环境对生殖方式的影响很大，如果环境变得更加恶劣了，也许人类的生殖方式也会发生改变。

潮水上涨，红树林被淹，只有树冠露出水面；潮水退去，红树林又显露全身。这种既能在海里生存也能在陆地上生存的植物群落构成了红树林生态系统。既然叫红树林，那它们是一片红色的树林吗？当然不是，它们的外观是绿色的，剥开树皮，里面才是红色的。这是"内心红火，外表冷静"的真实写照啊。

最萌多肉"熊童子"

熊童子是一种多肉植物。它的叶片肥厚，两两对生，长满茸毛，叶端长有红色爪样齿，外形就像熊掌一样，十分可爱。它喜温暖，耐干旱，但温度过高时也会休眠。

猴面包树既没有猴也没有面包

《小王子》中提到一种植物——猴面包树，这种树非常可怕，给它们个机会，它们就能覆盖整个B612星球。现实生活中，猴面包树确实存在。雨季到来时，它们会疯狂地在身体里囤积水分，最多可达到几吨，这样它们就能平安度过干旱季节了。一棵猴面包树相当于一座水塔。

会呀，但一朵花的花期很短，24小时内就会凋谢。

猴面包树会开花吗？

猴面包树的果实并不像面包那样松软，也不能用火烤着吃。正确的吃法是把果实溶解在水中，当作饮料喝。

植物也会挑选邻居

植物在生长的过程中，它们的根、茎、叶等器官会分泌一些物质，这些物质对周围的其他植物有着有利或不利的影响。比如，把苹果和樱桃种在一起，双方都能长得很好；把黄瓜和番茄种在一起，二者就会同归于尽。看来绝对不能瞎种植物，否则僵尸还没来，植物们就"窝里辽"了。

谁说无花果不开花

很多人都误以为无花果没有花，其实不是这样的。花由花柄、花托、花被、花蕊四个部分构成，大多数植物的花托将花被和花蕊抬得很高，所以比较引人注目，而无花果的花却隐藏在花托的内壁上，很难被人发现。看来无花果这个名字并不是太贴切，应该叫它"害羞果"。

印度天南星——性别不是问题

印度天南星是一种能够变性的植物，其植株有雄株、雌株以及中性株三种类型。这三种类型的植株都能年复一年地互相转换性别，直到死亡为止。天南星生长的第一年，一般都是雄株，等长到一定高度后，就会转变为雌株。如果遇到干旱、洪涝等恶劣环境，雌株又会逆转回雄株；当环境变好时，再变为雌株。看来天南星偷学了咱们人类养育后代的方法：男孩穷养，女孩富养。

墨汁鬼伞有点毒

墨汁鬼伞又叫鬼菌，常生长在夏秋季的田野或林场。幼年期的鬼菌可以食用，味道很鲜美。但很多中医认为，鬼菌不能和鸡肉同煮，也不宜在饮酒时食用，否则就有中毒的危险。其实，就冲它这么个吓人的名字，就算没毒估计也没几个人敢吃。

海带也能当燃料

科学家已经找到了用海带提取甲烷和乙醇的方法，海带也许可以成为发动汽车和飞机的可再生能源。一些海洋学家提议在海底开辟大片的海带养殖场，以种植这种"燃料"。如果以后海带真的成了一种常规燃料，不知道我们在吃海带丝的时候会不会觉得别扭。毕竟我们以前没吃过煤炭，也没喝过石油。

最耐干旱的仙人掌

北美的沙漠中，一棵15~20米高的仙人掌能够蓄水2吨左右。有人曾做过这样一个实验：将一棵重达37.5千克的大仙人球放在温室里不浇水，每过一年就称称它的重量，6年以后，这棵仙人球总共蒸发

掉了11千克的水分，而且水分的蒸发量一年比一年少。仙人掌才是最会开源节流的理"财"专家。

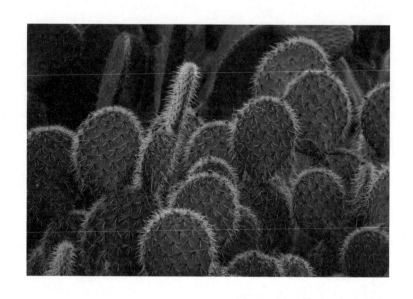

仙人掌全身都是刺。
小黄，你要离远点哦。

蝎子草是真有毒

蝎子草是一种有毒的植物，因其花序柄呈"S"形，像蝎子的毒针而得名。

蝎子草全株都蕴藏着毒液，块茎毒性更强。一旦人或动物食用它，轻则口舌麻木，重则因呼吸困难而死。就算你敢吃蝎子，也绝不敢惹蝎子草。

人人都烦霸王花

苏门答腊的森林中有一种奇臭无比的"霸王花"，由于这种花散发出的味道像是腐肉和粪便的混合体，所以它还获得了"尸花"的恶称。霸王花是世界上花朵最大的植物，其花瓣的直径长达1.5米，重达9千克。此外，它的花心就像个大脸盆，可以容纳一个三四岁的小孩。当然了，没有任何一个孩子想跑到里面玩耍。谁会喜欢在茅坑里玩捉迷藏呢？

槿花无穷尽

一到夏天，木槿就要开花了。它几乎每一节枝丫都会长出很多小花苞，层层叠叠的。整株植物像圣诞树一样被花朵装点，一直到入秋。木槿简直是一个不知疲倦的"开花机器"。

木槿可以用来做菜，据说有鸡肉的味道呢。

好想尝尝啊。

瓶子草不是"吃素的"

　　大部分植物都是靠光合作用维生的，也就是"吃素的"。但有些植物却想吃点"荤腥"，可它们又不能移动，怎么办呢？靠陷阱。瓶子草就是这样一种植物。它的叶子是瓶状的，里面有一些消化液。上面还有个盖儿，当然这个盖儿是盖不严的，雨水会灌进来。瓶盖和瓶身的内部不是光滑的，而是长满了刚毛，用来防止掉下来的虫子顺着内壁爬上去。做好了"陷阱"，就等着"大鱼"自己上钩了。

别再叫我薰衣草

　　因为花朵是蓝色的，蓝花鼠尾草也被称作"一串蓝"，在公园花坛里、马路绿化带上经常可以见到。它和一串红都属于鼠尾草属，但由于它与薰衣草的外形相似，常常被认错。

它们的叶子不同，薰衣草的叶子呈细长线形，蓝花鼠尾草的叶子则更宽大些。

金鱼草是水中小精灵

　　金鱼草的花形似胖胖的金鱼，因此备受大家的喜爱。当然，长成这种形状并不是为了好看，而是便于传粉。如果一只蜜蜂选

▲ 白色金鱼草

▲ 粉色金鱼草

▲ 黄色金鱼草

择把玫瑰的花蜜当作午餐，那它可以站在玫瑰花瓣的任意位置，一探头就可以吃饭了。但它要想采食金鱼草的花蜜，就只能从"鱼头"的开口处往里挤，因为花蜜在"鱼头"的深处。在这个过程中，蜜蜂的身上一定会粘上花粉。吃了我的东西就要给我办事，金鱼草好计策啊！

海棠是中国传统名花

纳兰性德曾有一句词专门称赞海棠，"帘外淡烟一缕，墙阴几簇低花"。

▲ 垂丝海棠

秋海棠的别名是"断肠花"，本意是因相思痛断肠，谁想到有人把字面意思当真了，以讹传讹说秋海棠是朵"毒花"，一吃就死。虽然秋海棠并不具备"断肠"的毒性，但部分品种的叶、根、花中确实含有少量

▲ 四季秋海棠

有害物质，大家还是不要尝试食用了，观赏就可以了。

四季秋海棠的花瓣不是真的花瓣，而是萼片，两两对生。雄花雌花同株，这样倒是方便授粉了。

四季秋海棠的花期特别长，有3~12个月之久，好像一年四季都在开花。在花期，海棠树上花朵锦簇，十分漂亮。

▲ 西府海棠

画家最爱旱金莲

旱金莲曾因其明亮的颜色和顽强的生命力风靡法国。白领爱它，农民爱它，甚至画家也爱它。由于太过喜爱这种小花，印象派的画家们在给自己的组织取名字时，有人就曾提议叫"旱金莲画派"。幸好被否定了，不然印象派真的只能是个印象了。

植物世界也有个白头翁

动物世界里，有一种鸟类因为头部长有白色羽毛，被称作白头翁。在植物世界里，同样也有一种名叫白头翁的草本植物。它的果期呈现出一种羽毛状花柱宿存，就像一个头发乱糟糟的白发老头。

钢铁直男剑麻

剑麻的名字，既显示出形状又显示出用途。为什么是"剑"？它的叶子厚且平直，像一把剑，不小心戳到会被扎伤。

为什么是"麻"？它的纤维可用来制作绳索或布料，是重要的进出口经济作物。

剑麻不爱开花，但一开花就势不可当。它长出的花序可达6米，看起来就像剑麻身上长了一棵树。

松叶兰的生命力很顽强

松叶兰没有根，只有毛状的假根，用来固定自己。松叶兰的叶子小小的，像鳞片一样。它既不能通过假根吸收营养，也不能进行光合作用，只能靠根茎内共生真菌的帮忙维持生命。这相当于不吃饭，只靠打点滴生活了吧。

卷柏四海为家

卷柏的生存环境很广，从南到北，在哪儿都能生根发芽。它有个别名叫九死还魂草，这是因为它有着"向死而生"的绝技。干旱时，它无法维持绿绿的叶子状态，就主动将自己从土壤里拔出来，全身团成一个球状。风吹到哪儿，它就走到哪儿。只要遇到水分充足的地方，它就会重新扎根发芽，焕发生机。这简直就是打不死的小强。

卷柏是孢子繁殖，不需要授粉，只要从它身上切下来一段长有成熟孢子囊的茎段，把茎段插在土里即可成活。如果鲜花市场老板告诉你，干枯的卷柏遇水就能发芽开花，那他一定是在骗你。

荷包牡丹心里乐开花

荷包牡丹花如其名：紫红色的花朵向下垂，像一个心形的荷包，悬挂在红色的花茎上。每枝弯曲的红色花茎上大概会长出10朵花。每朵花都是爱你的形状。

呀，太阳下的荷包牡丹有点蔫了！

它喜阴不喜阳，快把它挪到阴凉处。

荷包牡丹并不属于牡丹花家族，长相也不像国色天香的牡丹花。它之所以叫这个名字，是因为花朵似荷包，叶片似牡丹。

花团锦簇绣球花

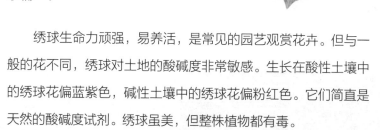

绣球喜欢温暖而潮湿的环境，不耐干旱。在炎热的夏季，一天不浇水，它就会变得蔫蔫的。浇足了水，它又会焕发生机，简直是"花界水桶"。

绣球生命力顽强，易养活，是常见的园艺观赏花卉。但与一般的花不同，绣球对土地的酸碱度非常敏感。生长在酸性土壤中的绣球花偏蓝紫色，碱性土壤中的绣球花偏粉红色。它们简直是天然的酸碱度试剂。绣球虽美，但整株植物都有毒。

在日本，绣球也叫紫阳花。每年，日本各地都会举办"紫阳花赏花会"，足以看出日本人对紫阳花的喜爱。一到夏季，日本街道的绿化带上就会有一团团的紫阳花盛开，美不胜收。

我们看到的绣球的"花瓣"其实是花萼，并不是真的花瓣哦。

蒲公英——我有一颗爱旅行的心

乍一看，蒲公英的花是
一朵朵平淡无奇的小黄花。其
实并不是这样的。蒲公英的每
一片"花瓣"都是一朵花，由
于众多花朵长在了同一个花托

上，组成了头状花序，所以看起来就像一朵小黄花。这种只有一
片花瓣的花，也被称作舌状花。

蒲公英的种子上连接着白色的冠毛，像一把小小的降落伞，
被风一吹，可飘出几十公里甚
至上百公里。它可真是不折不
扣的旅行家。

小黄，快跟上，我们要
跟着蒲公英去旅行啦。

汪

铃兰——植物界的小铃铛

铃兰怕热怕晒，凉爽的空气、湿润的土壤是它最喜欢的生活环境。铃兰的叶柄中会伸出长长的花葶，上面挂满了白色小铃铛般的花朵，小巧精致。铃兰的花朵花冠六裂，裂片呈三角形，有尖端。如果结果，果实成熟后的两三年内，铃兰就不能开花了。它们就像母亲一样，为自己的孩子付出了一切。

在西方，铃兰象征着幸福和希望。每年的5月1日是法国的"铃兰花节"。在这一天，法国人会向自己的爱人献上铃兰花，以表达

爱意。在西方的婚礼上，铃兰常常作为手捧花出现。谁抢到新娘
抛出的手捧花，谁就能得到幸福。

好一朵美丽的茉莉花

大部分的茉莉花都是重瓣
的，层层叠叠的花瓣看起来非常
美丽。每当茉莉花开，"一卉能
熏一室香"。独特的清香也让它
的身价倍增。在香水和香薰等的
制作中，茉莉花的应用是最为广
泛的。茉莉花茶也是很多人的
最爱。

越美丽的蘑菇越有毒

《超级玛丽》是"80后"的
童年回忆。吃了就能变强壮的蘑

菇，更是不少人的向往。在现实生活中，这种蘑菇的原型是真实存在的，叫作毒蝇伞。它有红色的菌盖，上面生长着白色或黄色的颗粒状鳞片。但是和在游戏中不同，毒蝇伞具有致幻的毒性，食用后，不仅不会变强，很可能还会让人出现幻觉，以为自己真的是超级玛丽了。大家不要为了体验这种感觉而冒险吃毒蘑菇哦！结果可能会丧命哦！

毒蝇伞的名字起源于欧洲，曾有一种说法称，欧洲人把毒蝇伞撕碎放到牛奶中，可以吸引并杀死苍蝇，是天然的杀虫剂。

植物界的活化石

银杏是现今最古老的植物。银杏起源于石炭纪，因此被称为植物界的"活化石"。银杏的寿命很长，可活千年。徐州曾发现一棵已有1500年历史的银杏。银杏和乌龟可以并称生物界的两大寿公了。

银杏的叶子呈扇形，叶缘平整或中间有个浅浅的裂口将叶片分成两部分。叶脉为二叉状，平行叶脉，一直延伸到边缘。到了秋季，银杏的叶子会变成金黄色，是拍照发朋友圈的不二之选。

银杏果的外面包裹着一层果肉，剥开后会露出白色的硬壳，因此也被称为白果。银杏果可食用，也可入药。与银杏果不同，银杏叶中含有有害成分，不能泡水食用。

二歧芦荟就像一棵树

说起芦荟，一般人的脑海中都会浮现一株养在花盆里的植物。在遥远的非洲大草原上，有一种与日常生活中看到的差别很大的芦荟，叫作二歧芦荟，它也属于芦荟属。二歧芦荟在南非很常见，它的树干从底部到顶部逐渐变细，并分支，树冠密集，像一顶帽子。当地原住民曾将它的树干挖空，制成箭筒，所以它有个别名叫作箭袋树。

"衣服" 超多的红枦

人类会根据季节的不同而选择穿不同的衣服。夏天，我们会穿上轻薄舒适的短袖；冬天，我们会裹上厚实保暖的羽绒服。和人类一样，植物也会根据四季变化而改变"外衣"的颜色，比如在我国很多省份都能见到的红枦。初春，它新长出的嫩叶是鲜艳的红色；夏天，树叶会从树的底端开始逐渐变绿，顶端则会开出娇艳的花朵；秋天，树叶又变成暗红色。这简直就是一场植物界的时尚秀。

最爱摇摆的跳舞草

跳舞草天生就具有舞蹈基因，是一种会自发舞动的植物。有时，它的所有叶片步调一致，时而合拢，时而平展，像小鸟在扇动翅膀；有时不同的叶片也会跳不同的舞蹈，有的向上，有的向下，翩翩起舞。无论何时，跳舞草都在热情洋溢地舞动。

促使跳舞草跳舞的原因有很多，包括温度、阳光和声波的变化等。温度越高或声波越强，它舞动得越欢快。还有一种说法是，跳舞草跳舞是为了抵御自卫，让天敌害怕而不敢伤害自己。

非洲的"储水罐"

有一种树光秃秃的，只有枝条没有叶片，所以被称为"光棍树"。它原产于非洲，由于生存环境极为干旱，为了保存水分，它的叶片退化成了鳞片状或早落，以维持生命。光棍树虽然没有绿叶，但它的枝条中含有大量的叶绿素，所以它也被称为"绿玉树"。

像绿玉树这样，一看就知道它一定含有大量水分的植物，在干旱的非洲，很难不被其他缺水的生物盯上。为了自保，绿玉树进化出了能分泌毒性乳液的特性，生物一旦啃咬它就会中毒，从而达到了保护自己的目的。

我是杀虫第一菊

　　除虫菊，顾名思义，是一种可以杀死虫子的植物，天生拥有"杀手"的身份。它的花序中含有多种杀虫成分，昆虫吸食后会神经麻痹，甚至死亡。

"超长待机"的山茱萸

　　山茱萸先开花后长叶。花朵为黄色，伞状丛生。花季一到，一簇簇的黄色小花开满了枝条。它的叶片上下都覆盖着茸毛，很有肉感。山茱萸结椭圆形的果实，是秋冬季的观赏佳品。山茱萸的寿命

▲ 中药山茱萸果

和我的颜色一样哦。

很长，可以活一百多年。而且一百年以后，仍然可以结果。

山茱萸是个"水桶"，在生长发育期需要大量的水分。它每天什么都不做，就咕咚咕咚地喝水了。

众人追捧的郁金香

郁金香有一个浪漫的传说。传说有一位美丽的公主同时被三名优秀的骑士追求。第一位骑士以宝剑相送，第二位骑士送了一顶皇冠，第三位骑士则拿来了一箱黄金。公主很苦恼，不知该作何选择，于是她向花神求助。花神将她变作了郁金香，宝剑变成长叶，皇冠变成花身，黄金变成球根，就这样她同时接受了三位骑士的爱情。从此郁金香就变成了爱的化身。

郁金香的品种丰富，大概有上千种，而且每过几年就会有新的品种被开发出来。

郁金香曾经引发了荷兰的经济危机。17世纪初，美丽高贵的郁金香受到了荷兰人的狂热追求，大量商人趁机哄抬价格，郁金香的价格疯狂飙升，一个郁金香球根甚至可以换一套房。然而，好景不长，郁金香就无人问津了。不少人因为郁金香的价格下跌而破产。这就是人类历史上首次投机狂热时期——郁金香泡沫时期。

常绿乔木椰子树

大部分的椰子树都不是直挺挺的，而是斜着向海中生长，这样方便成熟的椰子从树上脱落时，可以顺利掉入海中，让海水帮助自己传播种子。

椰子是一颗极为顽强的

种子。它们会在海上经历一场奇幻漂流，有时会飘荡100多天，前进几千公里。再次上岸后，椰子仍然可以正常发芽生长。

椰子树的用途很多，树干可以用来盖房子，树根可以入药，椰汁可以当作水饮用，椰肉还可以榨油或者制作成各种食物。在印度，椰子树是一种可以满足所有愿望的树；在菲律宾，椰子树则是生命之树。

不屈不折的竹子

竹子并不常开花，所以很多人误以为竹子是不开花的。至今我们仍未掌握竹子的开花规律，只推测大部分的竹子都会在生长12～120年之间开花。竹子一生只会开一次花，花落后就枯萎了，唯一的一次开花就是对生命的告别。

竹笋的生长速度非常快，从破土而出到身高半米，只需要一天的时间。用不了三个星期，竹子就已经长到十几米高了，是名副其实的生长冠军了。

竹子的种类很多。龙竹是世界上最大的竹类之一，竿高可达20~30米，直径也有20~30厘米。

穿着小裙子的竹荪

　　竹荪主要由深绿色的菌帽、白色的菌柄、粉红色的菌托和乳白色的菌幕组成。菌幕刚从菌帽下长出来时，像一个小小的裙边。随着菌幕逐渐舒展变长，由裙边长成了一个镂空的蕾丝长裙。这个漂亮的菌幕就是竹荪被誉为"菌中皇后"的原因之一。

　　竹荪无毒，可以食用，但与竹荪外表相似、颜色不同的黄裙竹荪可是有毒的哦。

罗汉松的种子不一般

罗汉松的种子上长有种托。种子是椭圆形的，成熟时呈紫黑色，像僧人的头；种托呈红色，像僧袍。通常情况下，种托比种子长得更大。从远处看，二者就像一位披着僧袍的僧人。

野外的罗汉松可以长到20米，且木质坚硬，可以作为建筑材

▲ 盆景

▲ 果实

料。当然也可以剪下小段，当作盆栽观赏。

凌波仙子水仙

　　在古希腊的神话传说中，一位名叫纳西索斯的美少年在经过河边时，爱上了自己的倒影，他跳入水中寻找爱人，却溺亡，死后他化为了水仙花，所以水仙花的英文名字也有着自恋的含义。

第三章

宇宙洪荒：
BigBang，宇宙就这
样诞生了

星体介绍

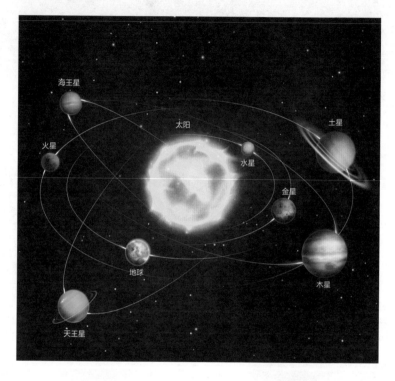

地球：
太阳系中直径、质量和密度
最大的类地行星。

水星：
太阳系八大行星中最小
且最靠近太阳的行星。

火星：
古人曾经因为它荧荧如火、
让人无法捉摸而称其为荧惑。

金星：
太阳系中最热的行星。

木星：
太阳系中体积最大的行星。

土星：
太阳系中卫星最多的行星。

天王星：
太阳系中大气层
最冷的行星。

海王星：
第一颗利用数学预测
发现的行星。

月球：
地球唯一的天然卫星。

冥王星：
2006年被踢出太阳系行星
行列，被划为矮行星。

太阳：
太阳系中心的恒星。

大爆炸宇宙论

　　第一个提出大爆炸宇宙论的是美国科学家乔治·伽莫夫。他
将最初的宇宙形容为一个装着各种粒子的高压锅，砰的一声爆炸
了，各个粒子向四面八方飞散。这总让人联想到爆米花。

宇宙源自大爆炸。科学家们通过观察粒子加速器里的情况，做了大量的实验。他们认为，刚刚发生大爆炸后的宇宙，极其微小，小到要用显微镜才能看到。不知道这个"小宇宙"里面有没有圣斗士星矢。

根据大爆炸理论，宇宙在不到千分之一秒的时间里，由一个高密度的点扩张了几万万亿倍，形成了宇宙的最初格局。

宇宙暴胀理论

美国物理学家阿兰·古斯提出了宇宙暴胀理论。该理论认为，在爆炸的那一瞬间，宇宙经历了戏剧性的膨胀，在 10^{35}~10^{32} 秒的时间里，膨胀了10万亿倍。也就相当于从用手就可以拿住的东西，膨胀成了大得没边的物质。

奥伯斯佯谬

英国科学家牛顿认为宇宙就像个漫无边际的大箱子，其中均匀地分布着无数颗恒星。这个观点引出了著名的光度怪论——奥伯斯佯谬，即如果宇宙真的是无限的，恒星真的是均匀分布的，那么夜晚的天空就会变得无限明亮。

宇宙究竟有多大?

对于我们所知道并且谈论着的可观测宇宙，它的直径约为930亿光年。但在它之外，还存在着更为辽阔的"超宇宙"。这个"超宇宙"的光年数，不是用10个0或100个0来表示，而是要用几百万个0来表示。这是个什么概念？假如一个人可以长生不老，他每天除了数羊什么都不干，即使从石器时代一直数到公元2012年，都数不到这个数字的亿万分之一。

恒星的光谱

美国哈佛天文台的天文学家皮克林拍摄了24万颗恒星的光谱，然后组织十几名女性对它们进行研究分类。她们按照恒星表面温度从高到低的顺序，从温度最高的O型星开始，写下了如下序列：O—B—A—F—G—K—M。为了方便记忆，其中有个科学家将这些字母编成了一句话："Oh, Be A Fine Girl, Kiss Me."（好一个美女，吻我吧。）

天上的星星亮晶晶

我们小时候都听过一首儿歌，其中有这样一句歌词："天上星，亮晶晶，千颗万颗数不清。"严格来说，这句歌词是错误的，虽

其实我们看到的星光，可能是星星们几千万年前发出的光芒。

然宇宙中有无数个星体，但是那些用肉眼可以看到的"亮晶晶"的星星却是有数的，只有3000多颗。

在原始社会，人类认为天空里的星星是另一些部落的篝火。

卫星绕着行星转

据科学家观察，太阳系八大行星共有205颗卫星，其中地球有1颗，火星有2颗，海王星有14颗，天王星有27颗，木星有79颗，土星有82颗，而水星和金星1颗卫星都没有。那首歌曲《想哭》中写道："水星它没有卫星好孤独。"果然够严谨。

月球的神秘面纱

在大约45亿年前，一个类似火星的物体撞在了地球上，产生了特别多的碎片。在一段时间内，那些被炸飞的物质重新聚集在一起，形成了一个岩石球体，这就是一直为我国的文人骚客所热爱的月亮。虽然月球和地球的关系这么"铁"，但是月球上却没有铁元素，因为构成月球的大部分材料来自地壳，而不是地核。

英国天文学家乔治·达尔文[1]认为，在太阳系形成初期，地球的自转速度非常快，从而把一部分物质从赤道中甩了出去，这部分物质就是今天的月球，而太平洋就是月球被甩出去后留下的疤痕。有很多人支持达尔文的观点，他们声称，经过计算，月球的物质正好能填平太平洋，而且根据激光测距法计算发现，月球每年远离地球5厘米。如果这是真的，那我们在举杯邀明月的时候，应该对它唱两句："归来吧，浪迹天涯的游子。"但是，这种观点已经被证明是错误的了。

月球表面左边的黑暗部分，属于月海区，是月球上最大的一片平原。科学家给它起了个名不副实的名字：风暴洋。它是月球上唯一的"洋"，虽然连一滴水都没有。

地球表面的震动叫地震，月球表面的震动叫月震。1969年7月，美国"阿波罗"号首次登月时，携带了三件科学测量仪器，其中就有自动月震仪。1969—1977年的9年间，人类共监测到了10 000多次月震。看来不光地球爱折腾，月亮上也并不太平。

针对月球诞生的问题，曾经还有这样一种假设——俘获说，

---

[1] 著名生物学家查理·达尔文的第二个儿子。

这叫作月相变化，周期是一个月哦。

即地球和月球是在不同地方形成的，在一个偶然的机会下，地球将运行到自己附近的月球俘获，让它成为自己的卫星。地球，你这个套马的汉子，果然威武雄壮。

由于重力差异，一个70千克的地球人，在木星上的重量高达175千克，而在月球上则只有不到12千克。看来，最科学、最有效的减肥方法不是"管住嘴、迈开腿"，而是去月球定居，不过费用估计有点高。

美国第一次成功登月的宇宙飞船叫"阿波罗"号，阿波罗是希腊神话中的光明之神。但众所周知，月亮自身可是不会发光的。

"阿波罗计划"的初衷是飞跃月球而不是登陆月球，后来肯尼迪总统突然改变计划：登陆月球，让美国人在上面踩两脚再返回来。就这样，"阿波罗计划"变成了"阿波罗登月计划"。

在1966年8月至1967年8月的这段时间里，美国先后发射了5个"月球轨道环形器"，对月球进行近距离的考察。宇航员发现，当飞船接近月球上的环形月海时，往往会发生抖动现象。科学家经过严密考证，认为月海下面存在一些高密度的异常物体，这些异常物体就好比人体内的肿瘤，于是将它们命名为月球质量瘤。

1986年，美国的《太阳报》报道了一条耸人听闻的消息，称在月球背面发现了一座城市，这座城市中不但有坚固的城墙，甚至还有规模庞大的"飞碟基地"。这当然是假的了。但是我想说的是，你一个《太阳报》，老关心月亮上的事情干啥？

潮汐现象

当发生日食或月食时，太阳、地球、月球处于一条直线上，太阳和月球的引潮力叠加在一起，会产生比平时的潮汐大很多的大潮汐现象。

可怜的冥王星

　　冥王星的发现，在很大程度上要归功于美国天文学家帕西瓦尔·洛厄尔，他出生于波士顿最古老、最富裕的洛厄尔家族。他在天王星和海王星的轨道上发现了一些不规律的现象，认定在海王星之外的某个地方，存在着太阳系的第九颗行星。他还有一个观点：火星上到处都是火星人挖掘的运河，用来储存来自极地的水。

　　太阳系中的大多数行星都在同一个平面上转动，而冥王星的运行轨道却倾斜成一个17°的角，照这种转法，谁都说不准100年后冥王星会转到哪里。它可以被称为最不走寻常路的行星了。

　　2005年，由于阋神星的发现，国际天文学联合会重新定义了行星。这对冥王星来说是个噩耗，从此它被踢出了太阳系九大行星的行列，理由之一就是它还没有阋神星大。

　　阋神星是太阳系边缘的行星，它的英文名字是Eris，对应希腊神话中的厄里斯女神。它绕太阳一周需要花上五百多年，看向天再借五百年，都不够它转一圈的。

红彤彤的火星

1877年，意大利天文学家夏帕雷利在用天文望远镜观测火星时，发现火星上有很多黑色线条，于是将其命名为火星河渠。谁料有个翻译一时疏忽，竟然将意大利语中的"河渠"误译为英语中的"运河"。这一字之差造成了科学史的一大误会，导致人们纷纷认为，火星既然都有运河了，那肯定存在富有智慧的高等生物。还曾引起一阵"火星人入侵地球"的热议。

火星上有太阳系内已知的第二大高峰奥林匹斯山，它高于火星基准面21 171米，是地球上的最高峰珠穆朗玛峰的2.4倍。希腊也有一座同名的奥林匹斯山，不过要矮得多，只有2917米，被视为西方文明的起源地以及希腊神话的源头。按理说神仙应该住在更高的地方，莫非希腊诸神是火星人？

火星上大气稀薄，但气象活跃，每年都会发生上百次尘暴，裹挟着大量沙尘的大型尘暴，一刮刮半年。经过长期的地质构造，火星表面形成了许多酷似金字塔的小山。而一些"伪科学"爱好者却把这当成火星人存在的"证据"。莫非"火星人"都是埃及法老？

美国于1975年向火星发射了一颗人造卫星，它于1976年7

月顺利着陆火星，并传回彩色照片，不过人们在照片中并未发现火星人。也许火星人是被吓跑的，因为这颗人造卫星的名字叫"北欧海盗"。

美国国家航空航天局于2005年8月发射了"火星勘测轨道飞行器"，它的任务之一是在火星上寻找水存在的证据。根据美国国家航空航天局的规定，飞行器将于2010年结束任务。一些科学家对此项决议不满，认为它还能继续工作5个年头。这些科学家真是太苛刻了，难道就不允许人家提前"退休"吗？

当火星运转到距离地球最近时，从火星传来的无线电波只需要3分多钟就能被地球接收到；而当两者距离最远时，无线电波的传输则需要22分钟左右。所以，和火星人（如果他们真实存在的话）通话会是一件比较令人崩溃的事情，因为在很长一段时间内，你不得不自言自语。这在旁人看来，大概很像神经病吧。

美国前总统老布什曾经一时头脑发热，想要进行一次登陆火星计划，后来该计划不了了之了。因为这至少要花费4000亿美元，而且全体宇航员很可能会因为无法抵挡高能的太阳粒子而一命呜呼。当然，如果这个计划成功了，将会是一个里程碑式的壮举："火星人"诞生了。

炙热的金星

金星又叫启明星，是太阳系八大行星之一。它在中国古代被称为太白金星，在西方则被称为维纳斯。在东方神话里，太白金星是玉皇大帝身边的一个白胡子老头；在罗马神话里，维纳斯则是"爱与美"的女神。同一颗金星，在神话中却拥有不同的性别，看来在不同的文化中，人们对同一事物的认知也会不同。

在金星的大气层中，二氧化碳的比重高达96.5%。这一点儿也不"可口可乐[①]"，因为它催生了温室效应，导致金星表面的平均温度达到了464℃。

金星大气层的质量是地球的93倍。由于大气层太厚，如果夜晚你站在金星表面，只能看到一颗星星，那就是你脚下的金星。但金星表面温度太高了，这个假设听起来就很"烫脚"。

---

① 可乐的主要成分是二氧化碳。

没有水的水星

水星白天的温度为400多摄氏度，晚上的温度为-172摄氏度。最恐怖的是水星没有水，一滴都没有。不过在水星表面的阴影处，有20多座直径大多为15~60千米的冰川，太阳光很少光顾那里。科学家推算，冰川每融化8米，就需要花去10亿年的时间。水星虽然没有水，但有的是"干货"。

水星表面有很多大大小小的环形山，除了高山和平原，还有很多悬崖峭壁。水星表面最显著的特征就是卡路里盆地，它也是水星上温度最高的地区。

1976年，国际天文学会聘请了很多专家和学者为环形山命名，并于1987年公布了第一批环形山的名字，其中一座以我国著名文学家鲁迅的名字命名。这非常贴切，对于很多喜欢创作的文学青年来说，鲁迅就是一座难以逾越的大山。

水星上第三大撞击坑的直径达625千米，弹坑表面流淌着火热的岩浆，还经常受到陨石的撞击。这个命途多舛的弹坑名叫贝多芬，大小仅次于卡路里斯盆地和伦勃朗撞击坑。

在执行第一次载人航天任务之前，美国于1958年制定了"水星计划"，计划先将三只猴子送入太空。这是要大闹天宫吗？

爱慕者众多的木星

　　木星有79颗卫星，是迄今为止人们发现的天然卫星最多的行星。由于木星的英文名是Jupiter，对应罗马神话中的众神之王朱庇特，以及希腊神话中的宙斯，所以除伽利略发现的四颗卫星被命名为伽利略卫星之外，其余卫星分别以宙斯的情人、女儿和爱慕者的名字命名。

"人造"的海王星

海王星是唯一一颗通过数学预测发现的行星，并且它的具体位置也被计算了出来。波塞冬，你暴露了。

海王星表面有一种被称为"大黑斑"的风暴，其覆盖面积和地球差不多大。这种黑斑被发现于1989年，消逝于1994年。

海王星外部的光环上有三个最显著的弧形区域，分别被命名为"自由""友爱""平等"。科学家推测，"自由"可能会在22世纪到来之前消失。

慢吞吞的天王星

希腊神话中有个叫乌拉诺斯的神，他是宇宙中的第一代神王。由于他的地位显赫，人们称呼他为"天空之神"，这也是太阳系八大行星之一天王星名字的来历。天王星是太阳系中唯一一个用希腊神话中的神祇命名的行星，其他行星都是以罗马神话中的神祇命名的。这也许就是"天王巨星"范儿吧。

天王星的公转周期非常长，绕太阳一周需要84个地球年之久。它每天移动的范围极小，导致它在历史上多次以恒星的身份被载入星图。

仙女般的土星

伽利略用自制的望远镜观察土星，发现在它两边有着神奇的半月形光影，伽利略称其为土星的"耳朵"，认为它们是土星的两颗卫星。然而没过多久，他突然发现"耳朵"不见了。隔了一年，"耳朵"又自行出现了。"耳朵"时不时消失的现象让伽利略困惑不已。其实伽利略看见的不是土星的卫星，而是它的光环。土星围绕太阳转动时，由于角度不同，它的光环会被挡住，看起来就像消失了一样。这个光环也让土星成为八大行星里最美丽的一颗。土星可不"土"，人家自带光环。

土卫六泰坦是土星系统中最大的卫星。泰坦的表面有一层厚厚的大气，其中包括98.44%的氮气，以及甲烷和氢等。由于这层大气很像46亿年前地球上的原始大气，因此一些科学家认为泰坦星上很可能存在智慧生命——泰坦人。人类还计划未来驾驶"惠更斯号"宇宙飞船登陆泰坦，拜访那里的智慧生物。

土星也被称作"气态行星"，
可以说是仙气飘飘呢。

太阳系的中心——太阳

迄今为止，宇宙的年龄约为138亿岁，而太阳的年龄约为45亿岁。据科学家预测，太阳耗尽自己的燃料，至少还需要40亿~50亿年。因此，我们不应该称呼太阳为"太阳公公"，鉴于它还年轻，我们应该叫它"阳仔"。

科学家考证发现，太阳距离地球1.5亿千米，而光的传播速度为每秒30万千米，因此太阳发出的光到达地球需要8分多钟。难怪"太阳底下无新事"，就连阳光都是过期的。

50亿年后，随着能量的消耗，太阳会转变成一颗"红巨星"，这时它的亮度和体积都会成倍增加，吞噬掉围绕着它的

行星。据科学家分析，我们不用太过紧张，因为它最先下口的是水星。

在太阳燃烧的过程里，会出现一些温度不均匀的区域，在这些区域中，温度偏低的区域就是太阳黑子。太阳黑子其实并不黑，只是因为与周围的高温度区域相比，显得发暗罢了。

双星共生

在天文学里，围绕一个公共中心旋转的两颗恒星被称为双星，这两颗恒星互为彼此的伴星。大部分科学家认为，大多数恒星都有自己的伴星，而太阳作为一颗比较典型的恒星，人们至今还没发现它的伴星。鉴于太阳为人类做了这么多的贡献，我们应该尽快为它找到"伴儿"。

星球也有兴衰

人事有兴衰，恒星也不例外。一颗恒星刚刚步入老年期时叫作"红巨星"，这个时候的它体积庞大，极为明亮。而到了末期，它的体积就会萎缩，光芒会暗淡，成为一颗白矮星。据科学家统计，宇宙中95%的星球最后都会变成白矮星。

白矮星虽然体积小，但是重量惊人，一汤勺的白矮星重量达3吨。中子星更牛，一汤勺的中子星重达10亿吨。浓缩的都是精华，此言不虚。

仙女星系

1885年，科学家观测到的超新星SN1885A，是仙女星系中第一颗也是目前唯一一颗被观测到的位于银河系外的超新星。经过推算，科学家发现仙女座星云中的那颗恒星爆发时，其亮度竟然远远超过太阳。

仙女星系是由银河系与相邻的50个星系组成的一个规模较小的集团中最大的星系，在广袤的宇宙中，算是离地球比较近的了，然而按照物理距离来计算，仙女星系距离地球约为250万光年。看来"仙女下凡"是不可能了。

仙女星系虽然名字很好听，但是星系与星系之间会互相吞噬、扩张。

日冕是太阳上产生的自然现象

日冕指太阳大气的最外层，它的形态随太阳的活动周期而变化，在极衰期，日冕的两极往往会出现一种羽毛样的结构，被科学家称为"极羽"。不过太阳的"羽毛"貌似中看不中用，否则就不会被后羿射下来了。

超新星超可怕

恒星坍缩后会释放出巨大的能量，犹如引爆了1万亿枚氢弹，这种爆炸被称为超新星。提出"超新星"这个概念的两个人中，有一个是瑞士天文学家弗里茨·兹威基，这个小伙和超新星一样，也是个暴脾气，据说他最大的业余爱好是在加州理工学院的饭厅里做单臂俯卧撑。

一颗超新星辐射的能量，竟然等于太阳一辈子辐射出的能量。"新人"威武，长江后浪推前浪，将太阳拍在沙滩上。

如果用天文望远镜观测星空，可以看到5万～10万个星系，每个星系都由成百上千亿颗恒星组成。虽然这个数字很可观，但超新星的诞生依然是极其罕见的。一颗恒星可以燃烧几十亿年，死亡却是一瞬间的事情。只有极少数恒星在临终时会发生爆炸，大部分都是默默地熄灭。这不禁令人想起一句话"不在沉默中爆发，就在沉默中灭亡"，看来鲁迅先生的经典语录放在天文学领域也可以适用。

寻找超新星是个吃力不讨好的活儿，专攻此道的澳大利亚科学家埃文斯牧师在1980—1996年的17年里，平均每年有2次发现，最多的一次15天里有3次发现，最少的一次3年里一次发现都没有。还好我们的埃文斯牧师看得开，他说："一无所获也有一定价值，这有利于科学家们计算星系演变的速度。在那种很少有发现的区域，没有迹象就是最大的迹象。"

为了能寻找到更多的超新星，美国科学家索尔·珀尔马于1987年发明了一种更为科学的搜寻方法。他利用计算机和电荷耦合器设计了一个绝妙的搜寻系统，这个系统相当于一架一流的数码相机。有了它，寻找超新星的工作变得自动化了。如今，就连业余爱好者都能利用电荷耦合器来发现超新星了，他们只需把天文望远镜瞄准天空，然后拍拍屁股到房间里追剧就行了。为此，埃文斯牧师曾抱怨道："那种心动而神秘的感觉已经一去不复返了。"没错，你只要想想从前的黑胶唱片和现在的网络歌曲下载的区别就能体会到他老人家的心情了。

用人造卫星观察宇宙

美国国家航空航天局和欧洲航天局联手开发了一款人造卫星，它的主要任务是观测太阳和地球之间的相互影响。这款卫星的名字很有趣，叫"SOHO"。人家明明是去"境外"工作嘛，怎么就成了SOHO[①]呢？

陆地卫星7号是美国国家航空航天局于1999年发射升空的。它只需99分钟就能绕地球一圈，只需16天就能拍下整个地球表

———————

① SOHO 有"在家上班族"的意思。

面的照片。

　　1957年，宇宙中只有2颗人造卫星；1958年有8颗；1959年有14颗；1960年有35颗；到1995年年底，世界各国发射的各种航天器已接近5000个，其中90%都是人造卫星。每颗卫星都有自己的寿命，"生命"到达尽头时，就会自动跌入大气层烧毁。"这个世界有一种鸟是没有脚的，它只能一直地飞呀飞，飞累了就在风里睡觉。这种鸟一辈子只能下地一次，那就是它死亡的时刻"。这简直就是在说人造卫星。

德雷克公式

　　20世纪60年代，美国天文学家弗兰克·德雷克教授提出了一个著名的"德雷克公式"，用于推测可能与我们接触的银河系内外星球高智文明数量。每进行一次乘法，数字就会大大减小。但是即使用最保守的数量来算，仅仅在银河系中，具有高等智慧生命的星球可能就有几百万个。

织女星与牛郎星

牛郎织女的故事是极不靠谱的，织女星距牛郎星16.4光年以上，即使以光速飞行，从织女星到达牛郎星也需要10多年。此外，织女星表面温度约为9000℃，牛郎星的表面温度约为7000℃，如果牛郎织女在这里生活，恐怕只能开个夫妻大排档，卖羊肉串了。

七月流火，九月授衣

天蝎座中最亮的那颗红超巨星叫作心宿二，古代又称大火。心宿二的直径是太阳的几百倍，光度是太阳的7万多倍，可以说是恒星里的"高富帅"了。古人通过观测它来划分季节，还专门设立了一个叫"火正"的官职。《诗经》中有"七月流火"一说，这里的"火"就是心宿二。农历七月之后，天空中的心宿二开始从正南方逐渐偏西下沉，夏去秋来，天气开始变凉了。

黑洞不是一个黑色的洞

黑洞其实并不是黑色的，但它是一个连光都无法逃离的天体。如果一个笑话极冷，那么也应该把它扔进黑洞里。

▲ 黑洞示意图

虫洞里也没有虫

宇宙中存在着"虫洞"，它能扭曲时空，让"穿越"成为现实。一些科学家认为，利用"虫洞"效应，从地球到月球，只需几秒钟。至于如何制造"虫洞"，至今还是个未解之谜。

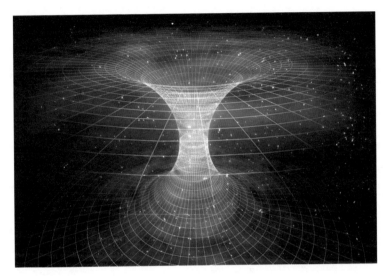

▲ 虫洞示意图

陨石才是流星雨

流星其实就是陨石的碎片，见流星见得最多的不是偶像组合"F4"，而是恐龙。"F4"看到的流星雨是"落在这地球上"，恐龙看到的流星雨则是"砸在这地球上"。很多科学家认为恐龙灭绝的原因是陨石撞击地球。

爱吃雷的生物

霍金认为，在充满氢气和氦气的气态行星上，可能存在着类似水母的巨型浮游生物。这些巨型浮游生物的食物既不是植物也不是动物，而是天空中的闪电。这些浮游生物内心一定非常渴望"被雷劈"。

最大的星体是什么？

太阳也许很"红"，但在广袤的宇宙里，它绝对算不上大。猎户座的红巨星参宿四，其直径是太阳的几百倍。

恒星的亮度

公元前2世纪，古希腊天文学家喜帕恰斯为了清楚地反映恒星的亮度，依照肉眼观察到的恒星的明亮程度将它们分成几个等级。其中，他将肉眼看起来最亮的20颗恒星命名为一等星，将肉眼看到的最暗恒星命名为六等星，这之间则是二、三、四、五等星。然而，那些明亮度高、为人瞩目的恒星只是极少数，大多数都是肉眼看来较为暗淡的星星。

发射信号的望远镜

1974年，美国利用架设在波多黎各的阿雷西博射电望远镜，向武仙座球状星团发射了寻找外星生命的第一组信号。不过不用太激动，因为这些信号在2.5万年后才能到达。

奇特的类星体

类星体的发光能力是普通星系的千百倍，由此获得了"宇宙灯塔"的美称，不过它的体积非常小，直径只有普通星系的十万分之一。

类星体看着像恒星又不是恒星，光谱像星云又不是星云，发出的无线电波像星系又不是星系，难怪它被称为"20世纪天文学四大发现之一"。

宇宙膨胀产生了生命

地球上之所以有生命，是因为宇宙膨胀的速度恰到好处。如果它膨胀得稍微快一点，那么所有的物质就会飞散出去，无法凝聚成星系和行星；如果宇宙膨胀得稍微慢一点，那么引力就会将所有的物质吸成一团，成为一锅大杂烩。这种膨胀速度恰如其分的概率低得就像用手枪击中一只几万千米外的苍蝇一样。知道了吧？你现在能看到这条科普小知识，是需要运气的，所以我们要热爱生命。

时空弯曲

根据爱因斯坦的"时空弯曲"理论，在宇宙任意一点上发出的光，都会在100亿年后返回起点。这趟远门出得……肯定不能常回家看看。

穿越宇宙的宇宙飞船

在日常生活中，手表上的时间误差不超过1分钟就可以了，但是对于空间飞行来说，差万分之一秒都不行。为了跟踪宇宙飞船，科学家要在地面设立一定数量的监测站，通过测量发向飞船的无线电信号返回地面的时间，来确定飞船的位置，使其能准确地按照预定轨道运行。即使各监测站的钟表只相差亿分之一秒，都有可能使飞船大大偏离轨道。本来飞船是要回地球的，一不留神可能就跑到"潘多拉星球"了。

1977年，木星、土星、天王星、海王星排成了一条直线，这种现象每175年才发生一次。趁着这个难得的机会，美国发射了"旅行者"号宇宙飞船，利用"引力助推"技术，以一种"宇宙甩鞭"的形式将飞船从一颗气态行星连续甩到其他气态行星。

按照"旅行者1号"宇宙飞船17千米/秒的运行速度，从地球到冥王星，要走9年左右。如果将来能发明出以光速（30万千米/秒）运行的宇宙飞船，那么从地球到冥王星就只需5小时。